활력 있는 직장을 위한 안전 지침서

당신의 직장은 안전합니까?

일러두기

- 이 책에 사용된 일본식 표현과 용어는 한국 산업계에서 사용하는 표현과 용어로 교체되었습니다.
  (ex. 안전위생→ 안전보건, 노동안전위생법→ 산업안전보건법)
- 일본어는 국립국어원의 외래어 표기법에 준하여 표기하였습니다.

활력 있는 직장을 위한 안전 지침서

당신의 직장은 안전합니까?

후루사와 노보루 지음 ｜ 조병탁, 이면헌 옮김

인재NO

추 천 사

2015년 1월, 고용노동부에서는 '산업현장의 안전보건 혁신을 위한 종합계획'을 발표했다. 2019년 시행 완료 예정에 있는 이 계획은 '안전한 일터, 건강한 근로자, 행복한 대한민국 만들어가기'를 목표로 하고 있다. 그리고 추진 전략으로는 기업, 근로자, 정부 등 각 주체별 안전보건 책임의 명확화, 산업재해 유발 요인에 대한 선제적 대응 능력 강화, 법령·정보시스템 등의 안전보건 인프라 구축과 안전보건문화 확산 등을 내놓았다.

우리나라 산업현장의 안전은 예전보다 많이 나아지기는 했지만 사고 사망률이 아직도 선진국에 비해 두 배에서 네 배 가량 높은 편이다. 우리 산업현장이 안전 문제에 관해서는 아직 갈 길이 멀다는 평가를 받아온 가운데 이런 종합계획의 발표는 반가운 소식이 아닐 수 없다. 그리고 이러한 때에 산업현장의 안전과 관련한 상황을 깊이 이해하며 안전보건 분야가 나아가야 할 방향성을 제시하는 책이 나왔다면 시간을 내 읽어볼 만하다고 생각한다.

《당신의 직장은 안전합니까?》의 저자 후루사와 노보루는 도요타 자동차에서 20년 가량 안전보건 업무를 담당했고, 현재에도 여러 기업·단체에서 안전보건활동을 지도하는 전문가이다. 그는 생생한 현장 지식을 바탕으로 안전한 작업장을 만들려면 어떻게 해야 하는지 그 방법을 체계적·구체적으로 설명하고 있다.

안전보건 분야 종사자는 재해를 미연에 방지하는 임무뿐만 아니라, 사람과 조직을 교육하여 올바른 안전의식을 갖게 하는 사명도 있다고 저자는 강조하고 있다. 그리고 그런 임무와 사명의 실현이 가능한 환경을 만드는 요인 중 하나가 바로 최고경영자들의 태도와 사고방식이라고 한다. 안전보건활동이 활발할 때 조직이나 기업 운용의 효율성이 가장 높다는 사실에서도 이 점은 잘 기억해야 할 것이다.

물론 안전보건 분야의 활동이 효과적으로 전개되려면 시스템이 잘 갖춰져 있어야 한다. 그리고 이런 면에서 우리나라의 현실은 아직 선진국들에 비해 아쉬운 점이 있다고 할 것이다. 그러나 이번 종합계획 발표를 계기로 관련 법체계를 선진화하려는 움직임이 있으며, 또 법의 적용 범위도 현재의 근로자에서 '모든 일하는 사람'으로 확대하려는 논의가 진행 중이다. 이렇게 우리 안전보건 분야가

한 발 더 내디디려는 시점에 《당신의 직장은 안전합니까?》는 우리에게 시사하는 바가 많을 것이다. 행동 규범 준수에서부터 4S(정리·정돈·청소·청결) 실천, 조직 상부에서 작업장의 의견 수용하기, 최고경영자가 안전을 제일순위 정책으로 삼는 방법까지, 안전한 작업장을 만드는 여러 가지 방법들이 왜 유효한지 어떻게 유효한지 사례를 들어 보여주고 있으며, 우리가 궁극적으로 추진해야 할 것이 결국엔 안전문화의 정착과 그 정신의 계승이라는 점도 짚어주고 있기 때문이다.

안전문화가 뿌리내려 재해의 요인이 제거된 사회, 이것은 모든 안전보건 분야가 궁극적으로 지향하는 목표라고 할 수 있다. 저자는 오랜 기간에 걸쳐 축적한 지식과 경험을 책으로 펴내 이 목표에 한 발 더 다가가려는 우리에게 디딤돌을 마련해주었다. 아무쪼록 이 책이 많은 안전보건 분야 종사자들에게 도움이 될 수 있기 바란다.

(사)산업안전보건진흥원 관리이사 강만구

머 리 말

나는 대기업 도요타자동차(주)에서 약 20년간 안전보건을 담당했고, 크레인 제조, 설치와 유지보수 사업을 하는 중소기업에서 약 8년간 경영층·전사총괄 안전보건관리자로 일했다. 그 시간이 순풍에 돛 단 듯 흘러갔다고만은 할 수 없어서, 매우 심각한 재해도 있었고 가슴 아픈 일도 많았던 것이 사실이다. 그러나 지속적인 반성과 함께 도전과 실천을 반복하며 커다란 성과를 얻을 수 있게 되어, 결과적으로 안전보건이란 충분히 재미있는 분야라고 생각하게 되었다.

여러 기업과 단체에서 안전보건을 지도하지만 추진 방법이 조금씩 달라서 성과로 이어지지 않는 경우도 많이 봐왔다. 이는 참으로 안타까운 일이다. 도요타자동차가 어떻게 지속적인 성장을 거듭하고 있을까? 지금까지도 그랬고, 또 현재에도 해결할 과제가 많지만 그들은 하나하나 극복해나가고 있다. 그 원동력 중 하나가 바로 안전보건활동이다.

안전보건 측면의 여러 문제를 개선(Kaizen)하려는 노력은 모노즈쿠리[1]의 체질을 크게 바꾸어놓았다. 재해의 배경 요인을 감소시키기 위한 노력은 곧 문제 해결 도모로 이어져 생산 설비의 단순화·간략화가 가능해졌고 인재를 길러내는 활력 있는 직장이 되었다. 그리고 이런 일들은 업적 향상의 결과를 가져왔다.

안전보건담당자의 일은 어쩌면 경영 그 자체라고 해도 좋을 것이다. 안전보건활동을 하는 사람들은 오랜 시간 동안 경험을 쌓아오면서 자기 분야에 꼭 필요한 사고방식, 관점이나 역할을 확립해왔다. 현장의 시각으로 안전보건활동이 얼마나 중요한지 입증할 수 있게 되었고, 자신의 활동이 안전보건 분야가 수행해야 하는 일의 중심이 되면서 자신감을 갖게 되었다.

그동안 나는 도요타자동차라는 대기업에서 상사, 선배나 동료, 현장 사람으로부터 얻은 가르침과 나름대로 쌓은 경험을 살려 중소기업에서 안전보건활동을 실천했다. 또 그 외에도 많은 기업에서 현장시찰, 현장지도나 강연을 했고, 중앙노동재해방지협회 등에서 다양한 위원회에 참가하기도 했다. 그 과정에서 기업에서 실천적 경험을 축척해온 분들뿐 아니라 메이지 대학의 무가이도노 마사오

---

1 모노즈쿠리(物作り)란 장인 정신을 바탕으로 한 일본의 독특한 제조문화를 일컬으며, 일본 제조업의 혼(魂)이자 일본의 자존심을 상징하기도 한다. 이 말은 1990년대 후반부터 활발히 쓰이기 시작하여 일본 기업의 경쟁력 요인을 설명할 때 자주 인용된다. -옮긴이

(向殿 政男) 교수, 스기모토 노보루(杉本 旭) 교수, 일본 대학의 나카무라 히데오(中村 英夫) 교수 등 여러 지식인들과 교류하며 많은 것을 배울 수 있었다.

이번에, 중앙노동재해방지협회가 발행하는 월간지 〈안전과 건강〉에 2007년에서 2008년, 2011년 총 3년간 연재했던 내용을 새롭게 정리할 수 있는 좋은 기회를 갖게 되었다. 내가 그동안의 경험을 이 책에 소개하여, 안전보건담당자뿐만 아니라 경영자, 관리자, 감독자가 회사나 직장을 변화시키고, 나아가 기업 체질을 강화하는 데 참고할 수 있다면 매우 기쁜 일이 될 것이다.

안전보건활동에 정답은 없다. 하지만 안전보건활동이란 각각의 현장 실태와 상황에 맞는 해답을 찾기 위한 끊임없는 노력이라고 생각해도 좋을 것이다. 그렇기 때문에 안전보건활동에 임할 때 기본적 자세와 사고를 확실하게 하지 않는다면 좋은 결과로 이어질 수 없다. 나는 이 책에서 안전보건이 기업 기반의 중요한 주제로 자리매김할 수 있도록 경험에서 얻은 실천론을 정리할 생각이다. 도움을 주신 많은 분들께 감사드리며 내가 꿈을 가지고 꾸준히 실천해온 일이 여러분들께 조금이라도 도움이 되기를 바란다.

이 책에는 '재해의 발생은 직장 내 문제점을 드러내는 대표적 특성이다,' '정상상태와 기본 행동을 설정하는 것이 중요하다,' '사람은 실수를 하고 기계는 고장이 난다,' '사람이 물건을 만들기 때문에 사

람을 만들지 않으면 일도 시작할 수 없다' 등과 같은 몇 가지 핵심
적 사고들이 소개되어있다. 이것들은 하나의 장(章)이나 항목의 주
제에 그치는 것이 아니라 인재 육성과 활력 있는 직장 만들기의 기
본이 된다. 또 커뮤니케이션에서도 중요한 개념이 되는 등 다양한
분야와 밀접한 관련이 있다. 따라서 이러한 핵심 개념의 키워드에
대한 소개를 하나의 장이나 항목에만 한정하지 않고 어느 장에서
부터 읽더라도 어느 정도 이해할 수 있도록 구성하였다. 이것을 염
두에 두고 읽는다면 그 핵심적 사고의 중요성이 보다 선명해질 것이
다. 아울러, 각 추진 방법은 그 근간에 일관성 있는 사고가 깔려 있
어야 한다는 점도 느끼게 될 것이다.

2012년 10월

목 차

제 1 장
사람·조직·기업을 만드는 가장 좋은 방법, 안전보건활동

1. 안전보건활동의 접근 방법

2. 안전풍토를 만들고 기업을 성장시키는 사람 만들기

3. 안전보건담당자의 각오와 사고방식

제 2 장 사람 만들기, 교육, 그리고 직장풍토 만들기

제3장
사고를 방지하는 구조 만들기와 구체적 실천 포인트

제4장 커뮤니케이션, 순회점검, 그리고 안전보건위원회

1. 커뮤니케이션과 순회점검

제1장

사람·조직·기업을 만드는 가장 좋은 방법, 안전보건활동

1. 안전보건활동의 접근 방법

(1) 안전과 안심이 21세기의 키워드다

_안전 · 품질 · 환경은 기업의 생명선

최근 안전과 안심이라는 단어가 매일같이 뉴스에서 쏟아지고 있다. 직원에 대한 안전과 안심을 시작으로 직장, 사회, 가정 어디에서나 안전과 안심이 이처럼 요구되었던 시대는 일찍이 없었다. 일본에서도 '공기와 물과 안전이 공짜'인 시대는 끝난 것이다.

많은 우량 기업에서 화재, 폭발, 철도 사고, 제품 불량, 점검 불량 등의 불상사가 일어났다는 보도가 끊이지 않는다. 그리고 그런 사고의 결과로 회사가 존속할 수 없게 되거나 위기에 빠지는 경우가 많다.

노동안전보건 분야의 연간 사망 재해는 장기적 관점에서 볼 때 전국적으로 감소하는 경향이라고 할 수 있다. 하지만 2011년에는 동일본대지진으로 사망 재해가 대폭 증가하여 인명 피해가 2,338명에 이르는데, 지진으로 인한 사망 재해를 제외하더라도 여전히 사망자 수는 1,000명이 넘는다. 또 대기업에 비해 중소기업에서 재해가 일어나는 비율이 더 높다는 사실도 아직은 변함이 없다.

특히 중소기업에서 재해가 잦은 이유로는 필요한 인재의 채용이나 육성의 어려움을 들 수 있다. 2007년 문제(노하우 전승에 관한 문제)[2]나 출산율 감소와 고령화 진행이 안전과 안심을 위협하는 점은 기업 운영의 가장 큰 리스크(경영을 위협하는 요인)로서 확실하게 파악되어야 한다. 앞서 말했듯이, 나는 도요타자동차에서 크레인 제조·설치, 유지·보수 등의 일을 하는 작은 회사로 전직했는데, 지금은 이런 중소기업이 고객의 공장에서 사망 재해를 일으키면 곧바로 일이 없어지는 시대다. 기업에나 개개인에게나 바야흐로 안전과 안심이 21세기의 키워드인 것이다.

그러므로 바로 지금이 안전보건활동을 추진하기에 가장 적절한 시기라는 사실뿐만 아니라 사람의 생명과 건강을 지키는 일이 중요한 과제라는 사실을 재인식해야 한다. 그렇게 할 수 있다면 회사도 안전보건담당자도 안전보건활동에 틀림없이 힘을 쏟을 것이다.

---

2 제2차 세계대전 뒤, 1947년에서 1949년 사이에 태어난 베이비 부머를 단카이(団塊) 세대라고 한다. 670만 명에 이르는 이들이 2007년부터 만 60세 정년으로 대거 퇴직할 경우, 청년 인구의 감소로 이들이 직장에서 축적한 기술, 기능, 노하우 등이 다음 세대로 이어지지 못할 수도 있다는 우려가 제기된 적이 있다. 이것을 2007년 문제라고 한다. ―옮긴이

그런데 안전과 안심이라는 단어는 입장과 역할의 차이를 인식하고 사용해야 한다. '안전'은 기술적·과학적·논리적으로 입증된 상황이며 모든 제품, 상품을 사용하는 사람들에 대한 회사의 책임과 의무이다. 그리고 안전한 환경이 갖춰진 현장에서 작업하는 사람이나, 제공된 상품을 사용하는 사람이 느끼는 감각 또는 기분이 바로 '안심'이다. 안전과 안심은 단순한 슬로건으로 사용할 것이 아니라 그 차이를 알고 목적을 가지고 써야 할 말인 것이다.

(2) 건강을 잃으면 안전도 인생도 없다

사람이 살아가는 데 건강은 가장 큰 핵심어이다. 마음과 몸이 동시에 건강해야 한다. 일을 하면서 부상을 입거나 질병에 걸리면 작업을 제대로 수행할 수 없을 뿐 아니라 일할 의욕이나 미래에 대한 꿈도 사라지고 만다. 더구나 목숨을 잃으면 자신의 삶이 끝나는 데서 그치지 않고 가족이나 동료의 인생도 슬프고 혼란스럽게 만들게 된다. 또한, 몸과 마음이 건강하지 못한 사람이 직장에 있다면 분위기가 나빠지고 커뮤니케이션도 잘 안 된다. 그런 사람은 상사의 지시나 규칙조차 지키지 못해 당사자나 동료에게 부상이나 질병을 초래하기도 할 것이다.

안전보건활동을 추진하려면 건강한 사람과 건강한 직장이 꼭 필요하다. 다시 말해, 웃는 얼굴을 끊임없이 볼 수 있는 직장과 적극적이며 밝고 건강한 구성원이 대전제인 것이다.

(3) SQC의 각오와 최고경영층의 정책이 중요하다

SQC는 Safety(안전), Quality(품질), Cost(비용)를 의미한다. S를 두꺼운 글씨로 쓴 이유는 경영자나 관리자는 안전을 관리 항목의 최우선순위로 삼는 방침과 행동을 취해야 한다고 강조하기 위해서이다. 품질과 비용 부분의 문제는 감독자나 작업자가 매일 현장에서 직면하고 작업 중에 항상 주의하지만, 그에 비해 안전에 대해서는 다소 소홀해지기 쉽다.

사실 지금까지의 재해 발생률을 살펴보면 전반적으로 재해가 일어나는 일이 점점 줄어들고 있다. 최근에는 대부분의 직장(조나 반 단위)에서 거의 재해가 일어나지 않았다. 따라서 재해 방지가 아닌 부상이나 질병 감소에만 주력하는 것은 현장의 현실과 동떨어진 조치이다. 그런데 안전은 오늘내일로 끝나는 문제가 아니라 지속적으로 추진해야 할 과제임에도, 그동안 재해가 자주 일어나지 않았기 때문에 무의식적으로 뒤로 미루거나 잊어버리게 된다.

최근에는 막연히 '안전제일'보다는 '안전은 모든 것에 우선한다'는 좀 더 구체적인 명제를 기본 이념으로 삼는 기업이 늘어나고 있다. 결국 같은 의미이긴 하지만 최고경영자의 강한 의지가 반영된 표현이라고 생각하고 싶다. 그러나 실제로는 구체성이나 실천이 부족한 경우가 많다는 사실도 부정할 수가 없다.

그렇기 때문에 최고경영자나 관리자, 감독자는 아침회의, 품질회의 등 다양한 업무 관련 자리에서 안전이 주요 주제로서 자리매김할 때까지 의지를 가지고 계속 강조해야 한다. 안전에 대한 올바른 의식은 최고경영자부터 '안전은 모든 것에 우선한다'는 표어를 구체적인 실천 전략으로 추진해나갈 때 비로소 뿌리내릴 수 있다.

도요타자동차가 안전보건의 기본 이념 중 하나로 삼고 있는 '안전한 작업은 작업의 출발점'이라는 원칙은 바로 이 점을 이야기하고 있는 것이다.

(4) 안전보건활동이 기업 체질을 강화한다
  _도요타 생산시스템(TPS)의 개념

내가 도요타자동차를 총괄하는 안전보건 추진부서에 배치되었던 1990년경에는 안전 관리가 주로 부상이나 질병이 발생한 이후에 대책을 세우는 일이었다. 다시 말해, 주로 재발 방지대책을 세우는 데 힘을 기울였다는 뜻이다.

재해 안전대책회의 때 어느 현장작업자가 "안전보건 부문은 사후 약방문이잖아. 사고가 터진 뒤에 수습하는 건 누구나 할 수 있는데"라고 말했다. 나는 이런 지적에 머리를 쾅 얻어맞은 듯하여 그 후로 '재해가 발생하기 전에 미리 대책을 마련하자'라고 생각했다. 부상이나 질병 관련 문제가 생길 때에는 안전보건 부문이나 담당자가 질책을 당하는 경우가 많았다. 하지만 이런 점은 잘못된 것이다. 재해 문제를 해결하려면 관련자를 징계할 것이 아니라 진정한 원인을 찾아야 한다. 그 원인을 없애지 않으면 문제는 결코 해결되지 않기 때문이다. 또 안전대책은 부상이나 질병 제거 이상의 목적을 가져야 하는데, 이러한 생각들은 내 안전보건활동의 출발점이 되었다.

부상과 질병은 직장 내 문제점을 드러내는 대표적인 특성이라는 게 내 기본적인 생각이다. 잦은 설비 고장, 불충분한 설비대책, 높은 품질 불량률, 좋지 않은 인간관계, 교육과 훈련의 부족, 빈번한 교통사고, 시스템 부재 등과 같은 직장 문제가 재해의 근본 원인이 되는 경우가 많다. 그리고 결국에는 이러한 문제점들이 부상이나 질병이라는 현상으로 나타나는 것이다.

즉 안전보건 측면에서 직장의 근본적인 문제를 진단하여 개선 (Kaizen)하면, 직장의 체질 개선으로 이어져 부상이나 질병도 방지할 수 있다. 나는 이러한 사고를 토대로 동료들과 안전보건활동을 실천하였고, 그 결과 재해를 대폭 줄이는 동시에 실적을 향상시키는 성과도 올릴 수 있었다.

안전보건활동은 재해의 진정한 원인이 될 수 있는 작업·설비·구조상의 3무(무리無理 : 기계와 직원의 과부하, 무라ムラ : 공정상의 균형이 없는 상태, 무다無駄 : 낭비)를 살피며 현장을 보는 것이 그 시작이다. 설비 가동 상태가 좋지 않고 작업 조건이 열악하다거나, 품질 불량 등으로 현장이 혼란스럽다거나, 관리자가 자신에게 집중된 업무로 현장을 잘 볼 수 없다거나 하는 문제들은 흔한 직장 문제들이다. 이런 문제들은 모두 현재화(顯在化)시킨 뒤 유형별로 분류하여 우선순위를

정하고, 의견 교환을 통해 대책 방향을 결정하도록 한다. 그리고 문제의 공유화, 구체화가 가능하다면 그다음엔 의지를 가지고 개선해야 한다.

안전보건활동은 결과적으로 위험을 인지하는 감성이 높거나 항상 개선을 위해 노력하는 사람과 조직을 만든다. 누구나 수긍할 수 있는 근거를 가지고 안전보건활동을 철저하게 해나가면 인재 육성으로 연결되는 것이다.

사람이 물건을 만들기 때문에 사람을 만들지 않으면 일도 시작되지 않는다는 〈도요타 웨이 2001〉(Toyota Way 2001: 도요타의 기본 이념을 실현하기 위해 사원으로서 공유해야 할 가치관과 행동의 지침을 말한다)은 이런 사실을 바탕으로 하고 있다. 이와 같이 안전보건활동은 TPS(Toyota Production System: 도요타 생산시스템) 그 자체이며, 이 것은 내가 오랫동안 안전보건활동을 해오며 도달한 결론이다.

또 안전보건은 모든 일의 질을 추구하는 프로세스의 중심에 있기도 하다. 그래서 안전보건을 확실하게 실천하는 기업은 결과적으로 살아남는다. 이 책을 통해 안전보건이 바로 경영관리라는 점을 이해하게 되길 바란다.

(5) 문제도 해답도 현장에 있다

_안전보건은 모든 분야로 접근하는 출발점

안전보건을 추진할 때는 '사람은 사회에도 가정에도 귀중한 존재이며 재산'이라는 관점과, 그 관점을 지키려는 굳은 의지를 가져야 한다. 다시 말해, 여러 기업이 기본적 경영 이념으로 꼽는 인간존중을 실제 행동으로 옮겨야 하는 것이다. 내 경험에서 보면, 부상당하는 사람은 현장에서 활약하는 중심적 인물인 경우가 많았다. 그러므로 현장 사람들의 입장에서 납득할 수 있는 안전보건활동을 추진한다면 현장에서도 수용할 것이다.

그러나 재해가 일어나면 배경 파악과 원인 추궁이 뒤따르고 작업자가 큰 부담을 느끼게 되는 것이 현실이며, 이런 일은 다반사로 일어난다. 하지만 사고를 낸 사람이 나쁘다면서 개인의 책임만을 묻기보다는 사고 유발 행동의 원인을 지속적으로 제공한 점을 반성해야 한다. 또 동시에 그 점에 초점을 둔 개선 노력을 하지 않으면 재해는 반복될 수밖에 없다.

기계 고장이 빈번하게 일어나는 상황(도요타자동차에서는 이런 상을 빈발정지[3]라고 한다)에서 정지 조작을 하지 않는 경우도 있다. 예를 들어, 반제품이 반송 리프트에 걸려 있을 때 설비를 멈추고 처

---

3 빈발정지(頻発停止)란 본격적인 고장 상태는 아니고, 일시적인 문제, 즉 단시간 기계 장애로 인한 정지 등으로 설비가 정지하거나 공회전하는 상태를 말한다. −옮긴이

치하는 일을 하지 않는 것이다. 품질 문제나 인간관계 등의 과제가 많으면 현장감독자는 여유가 없어져 부하 직원을 챙기는 일도 작업 환경 개선에 신경 쓰는 일도 할 수 없다. 때때로 현장의 요구나 필요에 반하는 인사가 이루어져 리더십이나 관리감독에 문제가 생기기도 한다. 또 생산에 부하가 생기면 평소에는 당연한 일들이 갑자기 잘 돌아가지 않는 상황도 발생한다.

이렇게 여러 가지 조직적 배경이 재해 원인으로 잠재한다. 재해대책을 세울 때에는 이런 사실에 착안하여, 사전 방지를 목표로 안전보건에서 출발해 다른 모든 분야로 접근해야 한다. 그래야 진정한 해결책을 찾을 수 있고 그 결과로서 힘차고 활력 있는 직장도 만들 수 있는 것이다. 현장은 매일 시시각각 상황이 변한다. 현장은 살아 있고 현장에 문제가 있다면 답 또한 거기 있다. 그러므로 안전보건활동은 3현(現), 즉 현지(現地), 현물(現物), 현실(現實)에서 실천해야 한다는 점을 잊어서는 안 된다.

(6) 현장의 과제를 하나씩 제거하자

앞서 설명한 것처럼 재해가 발생한 현장의 상황이나 배경을 철저하게 조사하면, 다양한 조직적 배경이 재해 요인으로 존재한다는 사실을 알 수 있다.

관리자는 과제가 많은 상황에서도 특히 꼭 필요하다고 판단되는 사전 방지 조치를 지시하지만 실제로 현장에서는 매일 많은 일을 실행해야 하는 입장이 된다. 예전에, 지인인 한 현장감독자(직장)가 대화 중에 가감 없이 속마음을 털어놓은 적이 있다.

나 : 정말 대단하네요. 바쁜 와중에도 매일 열다섯 개나 되는 방지 조치 항목을 다 실시하고 있다니요.

현장감독자 : 뭐 그게 제대로 되겠습니까?

나 : 그래도 실시했다고 체크가 되어있는데요?

현장감독자 : 어쨌든 재해가 발생하면 책임 추궁을 당하니까 하든지 안 하든지 마찬가지예요. 그냥 체크해두면 상사가 사인하고 가는 겁니다.

이렇게 되면 안전보건활동이 현장에 부담만 안기며 거짓말을 하게 만드는 요식 절차가 되고 만다. 많은 기업이 이런 일을 방지하기 위해 지도하고 있지만 여전히 이와 비슷한 경우를 많이 볼 수 있다.

이처럼 안전보건활동이 상사의 면죄부를 만들기 위한 일이 된다면 현장이 납득할 수 없는 형식적인 행위로 끝나버리는 것이다.

안전보건담당자는 재해를 없애기 위해서만 활동하는 것이 아니라 이러한 현장의 과제를 하나씩 찾아 제거하는 역할을 해야 한다.

2. 안전풍토를 만들고 기업을 성장시키는 사람 만들기

(1) 안전보건활동은 사람 만들기[4]에 효과적이다

기업은 곧 인재이다. 사람이 성장해야만 비로소 그 기업도 성장할 수 있다는 얘기다. 그러면 안전보건활동으로 사람이 성장할 수 있다는 것인가? 답은 '그렇다'이다.

① 안전보건은 누구도 반대하지 않는 주제다

부상당하거나 목숨을 잃고 싶지 않다고 생각하는 것은 인간의 본능이며, 따라서 안전보건은 모든 직원이 참여할 수 있는 가장 좋은 주제이다. 일본 기업은 주로 재해 예방을 위한 본질적 과제나 리스크 저감 요소 도출을 소집단활동 주제로 선택하고 있는데, 이런

---

4 히토즈쿠리(人造り)라고 하며, 최고의 제품(서비스)을 만드는 인재를 육성한다는 의미이다. 앞서 설명한 모노즈쿠리(物作り)와 히토즈쿠리를 같은 흐름에서 살펴보고 가장 비슷한 우리말로 표현한다면 각각 '물건 만들기'와 '사람 만들기'이다. －옮긴이

논의에서 나온 결론은 작업 환경 개선을 위한 성인화(省人化: 자동화를 통한 인력 감소) 등으로 생산성 향상이나 비용 저감을 도모하는 일보다 추진하기가 쉽다.

② 동료 의식과 목표 달성의 만족도를 높인다

안전보건은 관련 과제를 인식하고 공유하기 쉽기 때문에 모든 직원이 함께 논의하고 실행할 수 있고, 또 그 과정에서 동료 의식을 키워준다. 또한 목표 달성 실현에 따르는 만족감도 느끼게 해준다. 조직론에 따르면 구성원의 10~20퍼센트는 조직에서 이탈해 고립되기 쉽다고 한다. 그러나 누구나 성장하고 인정받고자 하는 간절한 욕구를 가지고 있는 것도 사실이다. 따라서 이들의 참여를 유도하여 처음에는 작은 목표부터 이루는 식으로 조금씩 성취감을 쌓아가도록 해야 한다.

중요한 것은 '성공 체험과 목표 달성의 만족도'이다. 관리자, 감독자 또는 안전보건담당자는 개인이나 집단의 성장을 인정함으로써 다음 주제에 도전하고자 하는 의욕에 불을 지펴줄 수 있다.

③ 안전보건활동을 좋은 습관으로 만들자

매너리즘은 안전보건활동의 목적이나 추진 방법을 납득하지 못하고 있다는 증거이다. 이 문제의 해결을 위해서는 활동을 진정성 있게 추진하고 이를 위한 환경을 만드는 뒷받침이 필요하다. 즉 전심을 다하고, 그런 활동을 위한 노력이 좋은 습관이 되도록 해야 하는 것이다. 그러면 결과적으로 큰일은 작은 일이 되고, 작은 일은 없어(無事)지게 되어 사람 만들기가 이루어진다.

(2) 개인의 성장 없이는 조직의 성장도 없다

① 팀워크 구축은 개인의 수준을 높인 뒤다

조직활동의 기본은 말할 필요도 없이 개개인의 수준 향상이다. 개인의 수준이 낮으면 집단의 팀워크도 좋을 수가 없기 때문이다. 구성원의 수준을 높이기 위해서는 먼저 가르치고, 배운 바를 실천하게 하고, 그리고 반성하는 마음으로 지도하며 다음 단계를 가르쳐야 한다. 사람은 활동 과정에서 지혜를 얻고 성장한다. 그러므로 실패나 결과를 두려워하지 않고 행동할 수 있도록 사기를 북돋아주어야 한다. 실제로 행동을 해봐야 능력이 개발되고 목표 달성의 만족감을 느끼며 동료 의식도 생긴다. 그리고 같은 목표를 향해 가는 과정에서 비로소 팀워크가 형성되고 향상된다.

② 사람 만들기에 반문법을 활용하자

처음부터 답을 알려주면 인재로 키울 수 없다. 나는 보통 30퍼센트 정도의 방향성이나 관점을 알려주고 기다린다. 성장을 촉진하는 '스스로 깨닫게 하는 반문'이 매우 중요하다고 생각하여 실천하는 것이다.

직장 상사가 부하 직원에게 몇 번씩 같은 내용을 되물으면, 그 후에는 반드시 다시 질문을 하지 않아도 자기 스스로 생각하고 행동하게 된다. 그다음에는 다른 문제도 깨달을 수 있게 되고, 이 과정이 반복되면서 인재가 길러진다. 한 사람 한 사람이 생각하고 행동하고 실패를 경험하고 또 이런 경험을 다음 업무에 적용하면서

발전하는 것이다.

순회점검도 지적이 아니라 스스로 깨닫도록 하는 반문을 활용하는 게 효과적이다. 나는 항상 현지현물[5]이라는 답안(가설)을 가지고 현장으로 가라고 배웠다. 그냥 아무런 생각 없이 현장에 간다면 아무것도 보이지 않는다. 사람은 실수를 하고 기계는 고장나게 마련이라고 상정하고 현장에 가는 것이다. 이것은 리스크 관리 시에 가져야 하는 마음가짐이기도 하다.

그리고 이러한 사고와 행동의 최종적인 목표는 예상치 못한 일이 일어나더라도 현장에서 생각하고 행동할 수 있는 사람을 만드는 것이다. 매뉴얼에 따르는 일도 중요하지만 그것만으로는 자신의 몸도 동료도, 가족도 기업도 지킬 수 없다.

③ 가르치고 배우는 풍토를 만들자

'도쿄의 번화가에서 삼대째 살아야 비로소 도쿄 사람이라고 할 수 있다'라는 말을 들은 적이 있다. 그렇다면 사람 만들기에는 얼마만큼의 시간이 필요할까? 도요타자동차에서의 경험에 비추어 말하면, 현장 제일선의 감독자(직장)가 되는 데만 17년이라는 시간이 걸린다.

---

5 현지현물(現地現物)은 〈도요타 웨이 2001〉에서 기술된 말이다. 대상의 본질을 판별해 신속한 논의로 결단하여, 도출된 결론을 전력으로 실행하는 것을 일컫는다. 이는 문제 파악이나 해결을 위한 가장 좋은 방법이다. 가즈아키 가지와라(梶原 一明),《도요타 웨이: 진화를 위한 최강의 경영 기술(トヨタウェイ—進化する最強の経営術)》(2002) -옮긴이

처음 신입 사원일 때는 형님뻘인 반장으로부터 사회인, 조직원으로서 갖춰야 할 기초를 배우고 다진다. 그리고 반장이 될 때쯤에는 아버지 같은 존재인 조장으로부터 배우게 된다. 이때는 업무와 관련한 전문적 지식이나 기술은 물론 리더로서의 역할, 발표 등을 통해 말하는 방식까지 필요한 모든 것을 익힌다. 그리고 그러한 가르침을 받은 사람이 조장이 되면 다시 부하를 같은 방법으로 육성한다. 마치 할아버지가 아버지를 가르치고 아버지가 아들을 교육하듯이, 직장 내에서도 가르치고 배우는 풍토가 있어야 개인이 성장하고 마음이 통하는 팀이 만들어질 수 있다. 사람의 성장에는 시간이 필요하므로 지속적으로 관심을 가지고 추진하는 수밖에 없다.

덧붙이자면, 입사 또는 부서 배치 후 3년은 매우 중요한 시기이다. 그 기간에 잘못 가르치면 미래에 성장하는 과정에서 문제가 발생한다. 마치 '세 살 버릇이 여든까지 간다'는 속담처럼 말이다.

(3) 서로 배려할 수 있는 현장을 만들어라

① 조직적으로 휴먼에러를 막아라

인간은 실수를 하는 동물이기 때문에 재해나 교통사고를 일으킬 수도 있다. 그런데 사고를 일으킨 개인의 책임이 크기는 해도 책임을 묻는 것으로만 사태를 마무리하면 안 된다. 그렇게 한다면 진정한 대책을 세울 수 없어 같은 문제가 재발하게 되기 때문이다. 따라서 반드시 책임 추궁에서 원인 추구로 초점을 바꾸는 노력을 해야 한다. "왜 실수를 했을까?" 그 원인을 조직 차원에서 생각하고, 전 직원의 과제로 삼아 해결해야 할 문제들을 공유화해야 한다. 그렇게 하면 의식 변화를 통해 한마음이 되어 해결할 수 있다. 다시 말해, 실패를 커다란 교훈으로 삼을 수 있는 것이다.

비슷한 재해가 감소하지 않는 상황이 종종 있는데, 그때는 대체로 대응 방법이 잘못된 경우가 많다. 문제 자체나 그 대책을 조직 차원에서 공유화하지 않은 것이다. 사람은 자신이 참여해 모두 함께 논의하여 결정한 것은 스스로 지키려는 의식이 강하다. 그러므로 자신이 발언한 내용을 어기는 실수를 범할만한 상황에서는 자기 행동에 제동을 걸 것이다.

이와 같이 사람의 실수를 조직 차원에서 함께 막는 일을, 나는 '조직적 휴먼에러(Human Error: 인적 과실) 방지활동'이라고 부르고 있다.

② 서로서로 조심하는 조직을 만들자

'자신의 몸을 지키고 동료의 몸을 지키고, 그리고 가족을 지킨다.' 이것이 모든 활동의 출발점이다. 그러나 현장에서는 동료가 중대한 규칙 위반을 하더라도 모르는 체하는 경우가 많다. 그리고 '저 사람 때문에 우리 조직이 다 피해를 입지나 않을까?' '묵인하는 게 나쁘긴 하지만 오래된 관용이라서……' 이런 여러 가지 복잡한 감정으로 구성원이 각자 제멋대로 행동하는 조직도 적지 않다. 그런 경우에는 그 자리에 모두가 모여 얘기를 나누고 팀으로서의 '정상상태'를 결정해야 한다.

나는 인사 잘하기, 주머니에 손을 넣은 채 행동하지 않기, 계단을 오르내릴 때 난간 잡기, 자리에서 일어서면 의자를 접어놓기, 정리·정돈의 2S,[6] 차간 거리 2초 이상 유지하기 등 구체적으로 알기 쉬운 규칙을 '기본 행동'으로 정하고 직원들과 함께 지키기로 하였다. 정상에서의 일탈은 '이상'으로 판단하고 그때는 '서로 조심하자'고 주의를 환기시키며 솔선수범하여 행동했다. 이러한 노력에는 시간이 걸렸지만 점차 서로 의식하며 조심하게 되었다.

또한 현장에서 결정한 사항에 속하지 않는 상황이 생기면 그것은 이상이 아닌 변화점으로 간주하고, 일단 작업을 멈추고 모든 구성원이 확인하도록 했다. 상호주의는 무척 지키기 어려운 원칙이지만, 안전보건활동이 궁극적으로 추구하는 것은 상호주의 실현이 가능한 조직이다.

---

6 정리(整理)는 '세이리,' 정돈(停頓)은 '세이톤'이라고 읽는 데서 S를 따왔다. ─옮긴이

(4) 활기차고 밝은 직장에는 재해가 없다

활기찬 직장을 만드는 데에는 말할 나위 없이 최고경영자, 관리자, 안전보건담당자의 역할이 크다. 특히 직장 분위기는 꼭 밝아야 한다는 게 나의 지론이다. 부하는 상사의 거울이며 상사는 부하의 거울이다. 여러 과제가 있어 한결같은 긴장감을 유지할 수 없는 사람도 있겠지만 어둡고 음울하기만 한 직장에는 질병과 재해가 덮치는 법이다. 우선은 직장 동료 간에 인사를 나누고 얼굴에 미소가 끊이지 않는 직장을 만들겠다고 마음먹어야 한다. 이런 태도야말로 작업의 시작이며 활기찬 직장 만들기의 전제이다.

직장진단(노동안전보건 관리시스템 OSHMS의 감사) 결과 중 안전보건활동의 수준과 관계없는 것은 논외로 하고, 활력과 커뮤니케이션 부분을 살펴보자. 직장 내 안전보건활동 수준이 낮아도 커뮤니케이션이 원활하고 활력이 성장 과정에 있다면 큰 재해가 쉽게 발생하지 않는다. 하지만 반대로, 활동 수준에서 높은 평가를 받았다고 해도 커뮤니케이션이 원활하지 못하거나 활력이 떨어지는 경향을 보이는 직장에서는 재해가 발생하기 쉽다〈표 1〉.

이처럼 경향을 파악하는 게 요점이다. 이것은 실제 사례를 수집한 데이터의 경향 분석 결과를 살펴보면 알 수 있는데, 그로부터 얻은 결론은 나의 경험과도 일치한다.

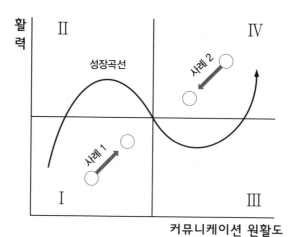

※ 직장진단 결과를 이 그래프에 적용하면 재해 발생 가능성을 예측할 수 있다.

	사례 1	사례 2
활 동 수 준 변동 추이와 재 해 발 생	최악의 영역에 있는 I의 직장도 활동을 하고 PDCA 사이클을 운영하는 성장 과정에 들어서면 재해는 쉽게 일어나지 않는다.	최고의 영역 IV에서도 관리감독의 정체나 활동 저하 경향이 나타나면 재해가 발생하기 쉽다.

영역	영역은 각각 다음과 같은 활동 수준을 나타낸다. 재해 발생은 활동 수준의 변동 추이와 관계가 깊기 때문에 수준을 퇴보시키지 말아야 한다.
I	활력(설비 개선 전개력), 커뮤니케이션 원활도 모두 낮고 재해가 빈발한다.
II	활력은 높지만 커뮤니케이션 원활도와 안전의식은 낮고 재해가 많다.
III	설비 개선이 추진되고 활력이 안정되면서 커뮤니케이션 원활도와 안전의식이 높아지고 재해 발생률이 떨어진다.
IV	활력, 커뮤니케이션 원활도 모두 높고 재해가 거의 발생하지 않는다. 10년 이상 영역 III의 상태를 유지하여 이 영역으로 들어오고, 그런 상태가 문화로 정착된다.
성장 곡선	영역 I의 상태에서 안전보건활동에 힘을 기울이면 활력이 높아지지만 커뮤니케이션 원활도는 바로 높아지지 않는다(영역 II). 설비 개선이 진행되고 활력이 안정되면서 커뮤니케이션 원활도도 높아진다(영역 III). 그 상태를 유지함으로써 활력도 높은 수준으로 정착하기 시작한다(영역 IV).

〈표 1〉 직장의 활동 수준(활력·커뮤니케이션 원활도)과 재해 발생 관계

이것이 내가 활동의 결과도 중요하지만 프로세스는 더욱더 중요하다고 역설하는 이유이다. 활기찬 직장은 목적 의식을 공유하는 구성원이 모두 무엇인가 하지 않으면 안 된다고 생각하게 하고 긍정적으로 활동하게 하는 곳이다. 그리고 이런 곳에서는 재해가 쉽게 일어나지 않는다.

(5) 물건 만들기는 곧 사람 만들기다

2001년 당시 조 후지오 사장이 이끌던 도요타자동차가 21세기를 준비하며 발표한 〈도요타 웨이 2001〉 중에는, 사람이 물건을 만들기 때문에 사람을 만들지 않으면 일도 시작되지 않는다는 내용이 나온다. 나는 이 말을 무척 좋아한다. 우리 세대는 글이 아니라 오로지 활동을 통해 시행착오를 겪어가며 몸으로 대부분의 업무를 익혔다. 지금은 글로벌화 시대에 걸맞은 문서화가 필요하게 되었지만 '사람이 사람을 키운다'는 사고방식이 중요하다는 사실은 변함이 없을 것이다. 문제는 '사람 만들기'를 매일매일의 활동 속에 어떻게 반영하는가이다.

'자공정(自工程) 완결'이라는 말이 있다. 이것은 자신의 작업 단계 다음 공정에 폐를 끼치지 않아야 한다는 의미로, 넓게 봤을 때 다음 공정에는 고객도 포함된다. 이 자공정 완결의 원칙은 안전을 유지할 때도 품질을 유지할 때도 요구된다. 그 실현을 위해서는 끊임없이 개선의 노력을 할 수 있는 조직을 만들어야 한다. 결과적으로 현장이 강하게 되면 그 기업도 강해진다. 이는 도요타 생산시스템이 추구하는 방향이기도 하지만, 그 연장선에는 '자원이 없는 나라는 사람이 재산'이라는 사고방식이 놓여있다.

요즘에는 꿈을 좇는 사람이 줄어든 것처럼 보일 때도 있다. 하지만 꿈을 간직하고 그 실현이 가능하다고 생각하면 불가사의하게 힘이 솟아날 것이다. 동일본대지진이나 원자력발전소 사고를 시작으로 기업 운영에 어려운 환경이 지속되고 있는 현재, 기업활동의 근간이 되는 안전보건활동을 통해 모든 성과의 출발점이 되는 활력 있는 사람과 기업을 만들 수 있기를 기대한다.

(6) '현장력'이 곧 회사의 경쟁력이다

도요타자동차와 같은 제조업의 강점은 곧 현장에 있다. 도요타자동차는 지금까지 안전 유지, 품질 향상, 개선 등의 다양한 활동을 통해 인재를 육성하고 철저하게 기본을 지켜왔는데, 이것이 바로 그들의 강점일 것이다. 나 자신도 도요타자동차에서 나온 뒤에 새

삼 그들의 인재 육성 방법과 문화가 얼마나 훌륭한지 느꼈다. 지금까지의 경험으로 알 수 있지만, 안전보건활동을 통해 사람을 만들어 기업의 체질을 강화하고 물건 만들기에 필요한 강한 체제를 되살리면 성장할 수 있다. 그리고 이러한 결과는 현장의 힘, 즉 현장력의 향상에 의해 이루어진다.

(7) 조례 시간, 회의 시간도 중요하다

앞서도 말했듯이 사람은 실수를 하고 기계는 고장이 난다. 작업을 할 때에는 이 점을 항상 염두에 두어야 한다. 또한 사람과 물건, 관리가 안전한 상태인 '정상상태'를 기준으로 삼아 팀 차원에서 공유화해야 한다. 그러나 현장은 살아있어서 변화점(어떤 변화가 일어나는 발생 지점이며, 이미 변화한 것이 표출되거나 발견되는 지점이 아니다)의 연속이다. 그러므로 정상상태가 항상 유지된다는 보장은 없다. 정상상태에서 벗어난 경우는 모두 이상으로 간주하고 현지현물로 서로 논의하고 해결해야 한다.

앞서 내가 동료들과 함께 기본 행동과 정상상태의 특성을 설정했던 일에 대해 언급한 적이 있다. 인사 엄수, 주머니에 손 넣고 다니지 않기, 보행 시 흡연 금지 등을 기본 행동으로, 안전띠의 이중 고

리걸기,[7] 정리·정돈의 2S 등을 정상상태의 대표적 특성으로 정했다고 설명했다. 이것은 정상상태에서의 일탈을 조금이라도 빨리, 효과적으로 발견하기 위한 훈련이 된다.

또 리스크 평가 결과와 현장 상황에 차이가 발생하면 그것을 변화점으로 보고 서로 주의하고, 상사는 작업을 멈추고 확인하고 지시 사항을 결정해야 한다. 그리고 조례나 휴식, 회의 시간 등을 활용해 이런 문제 대응 방식을 공유하도록 한다. 그때 정상상태나 변화점의 대응에 대해 계속 언급하면 사람 만들기나 안전풍토 만들기, 그리고 일의 질 향상에 크게 도움이 된다.

(8) 최악의 사태를 대비하라

 _'깨달음'과 '궁금증'을 느끼는 사람 만들기

안전보건은 리스크 관리 그 자체이다. 이 말은 안전보건활동으로 최악의 사태에 대한 예측이 가능해진다는 뜻이다. 이런 예측은 반드시 안전보건 측면에서만 이루어져야 할 것이 아니다. 설비 이상, 인간 행동의 변화 등 새로운 조건이 발생할 때 초래되는 과제를 예상

---

7 안전띠 고리를 교체할 때 고리를 두 개 달아서 안전띠를 착용했을 때 반드시 어느 한 쪽 고리는 걸려있도록 하는 것으로, 추락을 방지하기 위한 방법이다.

할 수 있는 사람과 조직을 만들어야 한다. 이것은 현실적으로 깨달음과 궁금증을 느끼는 사람을 만드는 일이라고 해도 좋을 것이다.

작업 경험이 풍부한 사람들은 작업 환경에 변화가 생겼을 때 '무엇인가 이상하다,' '여느 때와는 다르다'라고 즉각적으로 느끼는 남다른 감성으로 현실을 볼 수 있다.

안전보건담당자도 재해는 직장 문제를 드러내는 대표적인 특성임을 새기고 내일 현장에 서야 한다. 그러면 어떤 변화가 있을 때 그것을 눈여겨보고 폭넓게 과제를 파악하게 될 것이다. 그리고 이상을 알아차렸을 때에는 즉시 원점으로 돌아가서 행동하거나 사태 확대 전에 대응하는 것이 효과적이다. 안전보건담당자는 항상 최악의 경우를 상정하고 작업해야 하므로, '상정 외'라고 하는 말은 머릿속에서 지워야 한다.

3. 안전보건담당자의 각오와 사고방식

(1) 안전보건활동에는 굳건한 마음과 태도가 필요하다

나는 안전보건은 기업활동의 생명선이라고 생각한다. 따라서 안전보건담당자에게는 기업의 근간이 되는 활동을 담당하겠다는 기개(氣槪)가 필요하다.

기업활동에 큰 피해를 주는 품질 문제나 안전 사고가 발생하여 경영자가 고개를 숙이는 모습이 보도될 때마다 나는 "왜 사전에 방지하지 못하고 문제가 일어난 후에야 해결하려는 것일까?" 하는 생각에 안타까웠다. 사내의 안전보건담당자는 일을 어떻게 하고 있었던 것일까? 사고 사전 방지의 범위를 어디까지 전제하고 활동하고 있었던 것인지? 사고 수습은 아무리 잘해도 즐거운 일이 못 된다. 사후의 백 가지 정책보다 사전의 한 가지 정책이 더 실효성이 있다. 안전보건담당자는 사고의 사전 방지활동에 고심하고 관련 문제에 대응하는 중대한 역할을 하고 있다. 이러한 프로세스와 활동의 중요성은 제대로 평가되어야 한다.

안전보건활동은 이론도 중요하지만 실천은 더욱 중요하다. 현장의 상황은 항상 변화한다. 활동의 기본은 변하지 않지만 상황이나 상대의 차이에 따라 행동이나 발언 내용도 바꾸지 않으면 안 된다. 골프에 비유하자면, 공을 어떻게 치느냐에 따라 결과가 달라지는 것과 같다. 샷의 각도가 조금만 달라도 낙하 위치가 페어웨이(Fairway: 스루 더 그린 지역 중 잔디가 고른 부분)가 되기도 하고 OB(Out of Bounds: 코스 경계를 벗어난 지역, 즉 장외)가 되기도 한다는 말이다.

산업안전보건법은 기업이 지켜야 할 최소한의 기본적 활동을 규정한 것이므로 단순히 법을 지키는 소극적 활동만 해서는 안 된다. 안전보건담당자는 자신이 모든 분야에 대해 문제를 제기해야 하는 입장에 서있다는 사실을 인식해야 한다. 그리고 이런 역할을 수행하기 위해서는 인적 네트워크 활용과 폭넓은 정보 수집을 통해 적정하고 확실한 판단을 할 수 있도록 하루하루 노력하여 저력을 쌓아야 한다.

안전보건활동은 사회적으로 건강한 기업을 만들고 새로운 문화를 창조하며, 개인에게도 재미와 보람을 느끼게 해주는 일이다. 안전보건담당자나 관리감독자들이 지금까지 부상이나 질병을 없애는

데 주안점을 두었다면, 앞으로는 더욱 폭넓은 목적으로 도전 의식을 갖는 것이 바람직하다.

안전보건 분야의 종사자들은 자기 업무를 탐구해나감으로써 스스로에게 큰 재산이 되는 지식과 경험을 얻고 회사의 발전에도 기여할 수 있다. 보람이나 자기실현은 바로 이런 것이라고 생각한다. 다양한 회사나 기관에서 이렇게 사고하고 행동할 수 있는 안전보건 담당지의 육성을 기획하고 추진해주기를 간절히 바란다.

(2) 최고경영자의 마음을 움직여라

_안전보건담당자는 문제 보고와 제언의 정보 발신 기지

나는 전직한 회사에서 안전·품질·환경은 기업의 생명선이며, 건강 없이 안전도 없고, 안전 없이는 개인의 인생도 기업의 존속도 없다는 사고방식을 최고경영자 정책의 근본으로 입안했다. 그리고 그 이후에도 이 생각을 줄곧 실천해왔다. 동일본대지진 재해나 후쿠시마 원자력발전소 사고 뒤 복구에 소요되는 노력이나 비용은 사전 대응에 비해 5~10배 정도 더 든다는 것이 내 판단이다. 그러나 현실적으로 후쿠시마 원전 사고 수습에는 더 많은 비용이 들 것이다. 이것은 안전의 사전 확보에 들이는 노력과 비용은 절대 아까운 게 아니라는 점을 보여주는 좋은 교훈이다.

안전보건관리는 기본적으로 최고경영자의 회사 운영 정책에서 우선순위에 있어야 한다. 이런 뒷받침이 되지 않는다면 안전보건활동은 회사나 직장에서 뿌리내릴 수 없다. 최고경영자는 활동의 방향성을 진지하고 지속적으로 제시해야 한다. 그리고 리스크 관리로서의 안전보건활동이 최악의 경우를 고려하여 진행되고 있는지, 절대 일어나서는 안 되는 재해나 사고를 어떻게 막을 것인지, 확률론이나 비용 때문에 커다란 리스크를 누락하고 있는 것은 아닌지, 당장 눈앞이 아닌 장기적인 안목에서 전체적인 비용대책을 수립하고 있는지 점검해야 한다. 그러면 종래의 방법을 크게 바꾸어야 하는 과제도 나타나게 될 것이다.

그러나 최고경영자는 안전보건에만 신경 쓰고 있을 수가 없다. 또 현장은 살아있고 매일매일 변화하고 있다. 그렇기 때문에 안전보건담당자는 '최고경영자의 참모'로서 중요한 위치에 있는 것이다. 안전보건담당자에게는 안전보건 측면에서 파악한 직장의 문제가 곧 기업 운영의 문제라는 인식이 필요하다. 또 자신이 그런 운영 문제의 해결 기점이 되는 중요한 위치에 있다는 사실도 자각해야 한다. 이것은 직장 내 모든 문제의 해결에 관한 정보를 발신할 수 있는 유일한 직위가 안전보건담당자라는 의미도 된다.

이 때문에 안전보건담당자는 경험이나 인생관도 중요하다. 젊은 사람, 버릇없는 사람, 숙련된 사람 등 다양한 직원을 지도해야 하고, 때에 따라서는 상사에게 쓴소리나 직언을 하지 않으면 안 되기 때문이다. 안전보건담당자의 사명 중 하나는 '최악의 정보를 가장 빨리' 전하는 일이다. 최고경영자나 그 외 상사의 입장에서는 잔소리로 들리는 말도, 그들을 벌거숭이 임금님으로 만들지 않기 위해 서슴지 않고 해야 하는 것이다.

이런 역할을 수행하기 위해서도 안전보건담당자는 현장을 잘 관찰하고 일의 흐름 속에서 변화와 과제를 발견해내는 훈련을 항상 해 둬야 한다. 그리고 앞으로 큰 문제가 될 가능성이 있는 사상(事象)은

신속하고 구체적으로 보고하고 개선을 제안해야 한다.

나 자신도 최고경영자가 바뀔 때마다 "안전보건 부문에서는 좋은 얘기보다는 좋지 않는 얘기를 더 많이 전하게 됩니다," "미연에 방지하는 게 중요하기 때문에 그때그때 상황에 맞게 판단해야 합니다"라고 조언해왔다. 판단이 어렵고 복잡한 내용을 보고하거나 제안하면 최고경영자로부터 과격한 말이 돌아올 때도 있었다. 하지만 문제가 심중한 경우에는 최고경영자가 스스로 다른 경로를 통해 현장의 의견을 확인하기도 했고, 현장을 중요시하는 점에서는 안전보건을 맡고 있던 나와 같았다. 그리고 결과적으로 '이 친구가 하는 말은 진짜구나!'라는 생각을 가지고 나를 신뢰하게 되었다.

그런데 최고경영자에게 현장의 문제점을 보고하는 책무에는 현장으로부터 반감이나 적대감을 사는 위험도 따른다는 데 유의해야 한다. 하지만 현장이 겪는 어려움은 곧 재해나 품질 불량으로 이어지는 경우가 많다. 그러므로 안전보건담당자가 자신의 제안은 그런 문제의 개선을 위한 것이라는 굳은 신념을 가지고 있다면 현장의 이해도 얻을 수 있고 최고경영자에게 상신하더라도 일축당하지는 않을 것이다.

(3) 안전보건활동은 모든 분야로 접근할 수 있다

재해는 직장 문제를 드러내는 대표적인 특성이라고 생각하면 안전보건활동의 방향성이 명확해져 전개도 용이해진다. 이 장 제1항에서도 언급한 것처럼 재해가 일어난 현장은 기계 자체에 문제가 있는 경우가 많다(고장이 잦거나 처치에 어려움이 있는 경우 등이 많다는 뜻이나). 동일한 고장이 빈발하여 처치에 시간과 손이 많이 가면 기본 동작이 지켜지지 않아 재해가 일어난다. 그때, 작업요령을 준수하지 않은 것이 재해 발생의 요인이라고 판단한다면 본질적인 대책을 세울 수 없다. 즉, 재해가 일어난 환경과 배경에 눈을 돌릴 필요가 있다는 말이다.

또한 품질 불량이 자주 발생하고 그 대응 조치에 급급하여 허둥지둥하는 것도 현장 문제의 요인이 된다. 생산성이 올라가지 않는 현장은 초조해진다. 그리고 이런 때에는 현장담당자가 상사에게 의지하게 된다. 하지만 상사가 직접 문제점을 처리하기 위해 나서면 현장담당자의 체면이 손상되고, 결과적으로는 서로 불만이 쌓여 인간관계도 악화된다. 또 정신적인 스트레스 때문에 질병 문제가 발생하며 나아가 교통사고도 일어날 수 있다. 교통사고의 주요 원인 중 하나가 가족의 질병이나 직장의 인간관계로 인한 괴로움이 유발한 운전 중 부주의라는 말을 들은 적이 있다.

또한 직제의 이동이 현장의 마음을 혼란스럽게 하는 커다란 요인이 되기도 한다. 이치에 맞지 않는 상사를 발령하는 등의 인사 시책은 현장의 분위기를 크게 어지럽히고 작업자의 마음을 무겁게 한다.

이 외에도 재해의 배경에는 많은 요인이 잠재해있다. 안전보건담당자는 이러한 문제들이 발생하지는 않는지 집중해서 관찰해야 한다. 또 문제가 있을 때에는 현장의 입장이나 타개책에 관해 관계자와 상의하고 개선을 위한 제안과 실천을 해야 한다. 다시 말해, 재해의 사전 방지라는 대의명분이 있는 안전보건 부문에서 다른 모든 분야로 접근해나갈 필요가 있는 것이다.

(4) 활기차고 밝은 성격도 안전보건담당자의 자질이다

지금까지 안전보건담당자로서 많은 기업을 지도하며 '여러 회사들이 활력을 얻고 자신도 생겼구나' 하는 느낌을 많이 받아 너무나 고맙게 생각한다. 지금껏 소속했던 기업에서 내가 몸담았던 현장은 밝고 활력 있는 집단이 되었다고 생각한다. 선배나 동료로부터 "자네가 가는 곳은 어디든 활력이 있어"라는 말을 듣는 것이 내게는 최고의 칭찬이다. 안전보건 부문을 지도하는 일은 내가 활력을 받는다는 좋은 면도 있어 나 자신과 지도받는 기업 양쪽 모두에게 도움이 된다.

활기차고 밝은 현장에는 부상도 문제도 적다. 그러므로 안전보건담당자가 갖추어야 할 가장 중요한 자질 중 하나가 활기차고 밝은 성격이라고 생각한다. 자신이 생기 넘치고 밝게 행동하면 상대도 힘이 솟는다. 이런 태도를 유지하는 데는 집요함도 있어야 한다. 무엇을 하고 싶은지, 어떤 꿈이나 목표를 가지고 있는지, 어느 정도 강한 의지를 가지고 있는지 자신에게 묻는 일도 도움이 될 것이다. 처음에는 이에 대한 생각들이 어설플지도 모르지만 계속 수정하고 보완하여 확고하게 만들면 된다. 또 '센스'도 중요하다. 지금 현장이 요구하는 것은 무엇인지, 현장에서 어떤 일이 일어나고 있는지, 또 그 일의 본질적인 문제는 무엇인지 먼저 느낄 수 있도록 안테나를 높이 올려 정보를 얻으려는 노력이 필요한 것이다.

(5) 정보는 하류에서 상류로 흐른다

일의 지시나 정보는 위(설계나 영업, 생산기술 부문, 상사 등)에서 아래(현장, 부하 직원 등)로 흐른다. 설계 단계에서는 당연히 가장 좋은 방법을 고심하여 선택한다. 하지만 현장은 살아있는 생물과 같아서 시시각각 환경도 조건도 변해 일이 당초의 계획대로 안 되는 경우도 많다. 조직의 상부는 다음 일도 계획하고 진행해야 하기 때문에 어떤 업무에서 일단 한번 손을 떼면 좀처럼 사후 관리를 하기 어려운 것도 사실이다. 한편, 현장은 주어진 조건을 최대한 활용하기 위해 창의적 사고로 고민을 반복하고 끊임없이 개선을 도모한다. 그런데 그것이 바로 생산성 향상으로 이어지므로 현장이 가져야 하는 사명감은 매우 중대하다.

그러나 상부와 현장을 잇는 연계의 미약함으로 실효를 거두지 못한 계획에 대한 반성이 반영되지 않고, 과거와 똑같은 문제를 안고 있는 계획이 반복적으로 시행되는 경우도 많다. 이 때문에 현장의 과제나 정보를 '하류에서 상류로' 역류시키는 것도 안전보건 부문의 역할인 것이다. 이미 말했듯이, 작업상의 어려움은 재해 요인 중 하나이다. 그리고 작업하는 사람이 그런 어려움으로 무리하게 되면 그 '무리'는 고통이 되어 언젠가는 재해나 질병으로 이어지기 쉽다.

내가 도요타자동차에서 근무하던 시절의 이야기다. 해외 공장에서 여러 인간공학적 문제가 일어난 적이 있었다. 작업자들이 건초염(힘줄을 둘러싼 활액막이나 그 내부에 생기는 염증으로, 주로 반복 동작에 의해 발생한다), 허리 통증, 어깨 통증 등으로 인한 괴로움을 호소한 것이다. 나는 대책 마련을 위해 프로젝트팀의 사무국을 담당하게 됐고, 위원장은 생산 부문 임원이, 부위원장은 설계 부문의 임원이 맡았다. 당시 도요타자동차에 쓰이던 동종 부품이 100종류 정도 있었기 때문에, 현장에서는 부품 종류를 줄이자는 제안을 해왔다. 하지만 부품 설계에는 차종별로 장벽이 있었고, 또 기술자는 부품 단가가 올라간다는 등의 이유로 강하게 반대했다. 그러나 최종적으로는 부품의 종류를 약 10종으로 통일함으로써 문제의 원인으로 지목되었던 무리하게 힘이 들어가는 작업을 축소할 수 있었다. 그러자 질병이 크게 줄고 품질이 안정된 것은 물론이고, 나중에는 이런 조치의 반대 이유였던 부품 단가도 크게 개선되었다.

여기서 중요한 점은 현장이 자동차의 설계 또는 설비 설계 단계의 사고를 바꾸었다는 사실이다. 즉, 하류에서 상류로 거슬러올라간 의견이 개선을 이루어낸 것이다. 이 일은 많은 사람의 참여로 가능했지만 지금까지 안전보건 부문이 이런 역할을 한 적은 없었다. 기술자는 과제가 명확해지면 놀라운 아이디어를 쏟아낸다. 그리고 안전보건이라는 관점에서 그런 아이디어들을 개선책으로 검토한 일이 질병 감소, 원가 절감, 품질 안정, 생산성 향상 등의 많은 성과로 이어진 것이다.

(6) 판단이 애매할 때는 현장에서 결정하라

나는 현장에 문제가 있다는 것을 알고도 기술, 비용, 시간 문제 등으로 대책을 세우는 데 고민한 적이 많았다. 앞서 말한 도요타자동차 해외 공장의 인간공학적 문제 개선 사례에서 볼 수 있듯이, 설비계획 단계에서 안전보건에 관한 과제를 수행하는 일은 상당히 시간도 많이 걸리고 힘이 든다.

이런 고민으로 막다른 골목에 다다랐을 때 나는 항상 현장이 원하는 방향, 현장이 추구하는 방향이 무엇인가 생각했다. 현장이 출발점이며, 현장에는 문제도 있지만 답도 있는 것이다. 다만, 현장에 영합하거나 휘둘리지 않고 현장이 갖춰야 할 바람직한 모습을 추구해야 한다.

한편, 바로 해결되지 않는 문제도 많다는 점을 염두에 두어야 한다. 그런 경우에는 밀어붙이지만 말고 자신이 꼭 가고자 하는 방향을 마음에 새겨두고 기회가 무르익을 때까지 기다리는 인내도 필요하다.

(7) 안전보건활동은 그 결과로 이익에 공헌한다

전에 몸담았던 기업에서 회사 전체적으로 재해대책 활동을 펴고 있을 때였다. 설비계획부서의 한 임원이 안전보건부서에 맡겨둬서는 일 진행이 안 된다고 생각하고 별도의 조직을 만들어 활동하기 시작했다. 그러나 석 달이 지난 뒤, 역시 안전보건부서의 추진력이 앞서자 함께 일을 하게 되었다.

그 임원은 모든 계획부서의 안전담당 직제 앞에서 경영회의를 제외한 모든 회의에 안전보건회의가 우선한다고 선언하고, 내게 사전 약속 없이 언제라도 자기를 만나러 와도 좋다는 특권을 주었다. 그 시기 나는 아직 경험이 일천한 안전보건담당자로서 잘해보고 싶다는 생각만으로 열심히 뛰고 있었다. 그런데 내가 신뢰를 얻었을 뿐만 아니라 임원이 안전보건이 제1의 우선순위라고 선언해주기까지 해 무척 기뻤고 큰 자신감도 얻게 되었다.

그 임원의 솔선수범 자세는 이후 설비 안전사양의 통일을 이루었고, 현재 주류가 된 슬림화·저출력화 등 '본질의 안전화'가 진전되는 결과로 이어졌다. 앞에 소개한 도요타자동차 해외 공장의 문제해결 사례에서도 볼 수 있듯이 안전보건활동을 추진한 결과는 이익이 되어 돌아오는 것이다.

제 2 장

사람 만들기, 교육, 그리고 직장풍토 만들기

1. 안전을 키워드로 사람 만들기

(1) 사람 만들기 없이는 안전도 없다

_물건 만들기는 사람 만들기

선문답 같은 얘기지만 안전보건활동을 철저하게 추진하다 보면 최종적인 핵심은 '사람'으로 귀결된다. 인재를 만들지 않으면 안전보건은 확보되지 않는다. 앞에서 언급한 대로 안전보건은 누구도 반대하지 않는 주제인 만큼 사람 만들기에도 매우 유효한 도구이다.

'안전한 인간 만들기'는 현장에서도 활동의 주제로 사용되는 경우가 있다. 이에 대해 각자 나름대로의 정의나 생각은 있어도 좋지만, 엉뚱하게 튀지 않으면서 추진 방향에 감성을 더하는 활동을 축적하는 것이 중요하다. 굳이 안전한 인간을 설명하자면 안전하게 행동하는 사람이라고 생각한다. 즉, 기본적 행동을 한결같이 잘할 수 있고, 위험을 인지하는 눈을 가지고 온 마음을 다해 개선활동을 실천할 줄 아는 사람인 것이다.

　　나는 도요타자동차에서 계장으로 있을 때, '인사부가 추구하는 뜻을 같이하는 사람으로서 현장관리자는 차세대를 담당할 중요한 위치에 있다. 그러므로 열정을 가진 사람들이 강사직을 맡아 이들이 현 단계에서 더욱 성장하도록 확실하게 육성해야 한다'라고 생각하며 강인한 마음과 투지를 가지고 강사활동을 했다. 이러한 생각이 기개라기보다는 오만으로 보일지도 모르지만 우리가 이 회사를 강하게 만든다는 자부심으로 열정을 불태운 젊은 시절이었다. 그리고 안전보건은 사람 만들기에 있어 유효한 주제라는 나의 신념을 계속 실천함으로써, 안전보건활동이 성과로도 이어진다는 자신감을 갖게 되었다.

나는 기업으로부터 강연 의뢰를 많이 받고 있다. 사람들이 내 강연을 듣고 공감할 수 있었다면, 단지 부상·질병 감소를 위한 방법론(How To)이나 활동의 효율성 때문만은 아닐 것이다. 즉, 사람 만들기에 집중하는 활동이 곧 경영관리라는 점과 그 활동의 중요성, 오랫동안 축적한 경험에서 나온 실천론, 그리고 열정과 기개에도 그들은 분명 깊은 공감을 느꼈을 것이다.

다음에 사람 만들기의 키워드를 소개한다.

① 사람 만들기 없이 안전은 없다.

② 교육은 '공유하기'다.

③ 지식·의식·행동이 기본이다.

④ '인재를 육성하는 프로'을 목표로 하는 기개가 진정한 프로를 기른다.

　· 육성된 사람이 사람을 길러낼 수 있다.

　· 사람을 키우는 건 사람뿐이다.

⑤ 개선(Kaizen)을 계속 추진하는 사람과 조직을 만든다.

　· '작은 육성 시스템'을 확대해나간다.

　· 프로세스로 사람을 육성한다.

⑥ 사람이 물건을 만들기 때문에 사람을 만들지 않으면 일도 시작되지 않는다.

(2) 가르치고 배우는 풍토를 만들자

도요타자동차는 2000년경에 조직 개혁을 천명하고 예전부터 사용하던 직제의 명칭을 바꾸었다. 종래에 반장, 조장, 공장(工長)이라고 부르던 것을 EX(Expert: 숙련공), GL(Group Leader: 조장), CL(Chief Leader: 공장)[8]이라는 영문자로 변경한 것이다. 그 목적과 세부적인 내용은 잘 모르지만, 당시 명칭 변경에 대해 도요타자동차 내부에서는 커다란 위기감이 돌고 있었다. 개혁의 의도로 바꾸는 것은 좋지만 현장에서의 멘토 기능이 약화되지 않을까 하는 우려가 있었던 것이다.

그전까지 반장은 '형님' 같은 존재였고 조장은 '아버지' 같은 존재였다. 그러나 사람이 늘어나고 연령 또한 높아짐에 따라, 반장이나 조장으로 승진해서도 라인 업무를 맡아야 하는 상황이 발생했다. 이에 따라 직제명도 변경했지만, 이 때문에 부하에게 멘토를 해줄 시간이 없어지는 문제가 생겼다. 상사들에게는 일의 노하우를 전승할 뿐만 아니라 사회인, 선배로서 조언과 상담을 해주는 등의 중요한 역할도 많았다. 하지만 점차 그러한 역할을 하는 기능은 희미해진 것이다. 도요타자동차의 경쟁력은 강한 현장이라고 생각되었는

---

8 관리직위와 전문직위에 따라 GL은 SX(Senior Expert: 선임 숙련공), CL은 CX(Chief Expert: 최고 숙련공)라고 부르기도 한다. −옮긴이

데, 명칭을 바꾼 뒤부터는 그 기반이 약해진 듯한 느낌을 받았다. 젊었을 때 진정한 멘토(반장: EX)를 경험하지 못하고, 후배를 가르치는 기회를 갖지 못했던 사람이 조장(GL)이 되어 갑자기 부모 역할을 하기는 어렵다. 아랫사람을 돌보는 건 아주 작은 부분까지도 관심을 가지고 챙겨야 하는 일이기 때문이다.

나는 노동보건 면에서, 특히 인간공학적 문제의 대책 중 하나로서 멘토가 필요하다고 인사부에 제안한 적이 있다. 도요타자동차에서는 2007년경부터 팀리더 제도가 새롭게 생겼는데, 이는 과제를 해결하기 위해서 특히 멘토 기능을 강화하자는 취지라고 생각한다. 그리고 가르치고 가르침을 받는 풍토의 중요성을 다시 한번 강조하고 있는 것으로 여겨진다.

"인재를 길러내는 전문가, 그리고 그것을 목표로 하는 기개가 진정한 전문가를 만든다." 도요타자동차의 부사장이 어느 신문과의 인터뷰에서 한 말이다. 같은 회사에 다녔던 것만으로 공감하고 공통되는 일이 많은지, 내 생각도 이와 같다. 결국 이것도 작은 육성 시스템을 미래를 향해 키워나가 '가르치고 배우는' 직장풍토를 구축하는 일이 중요하다는 의미이다.

내가 도요타자동차에서 이적해간 크레인 제조회사에서는 ① 신입 사원에 대한 직장 선배제도, ② 연수 노트 활용, ③ 새로운 정보 공유의 장으로써 매일 아침 미팅하기, ④ 안전을 주제로 한 회사 전체의 혁신과 대응활동, ⑤ 야구 동호회 등의 교류활동을 통한 동료 간 연계 강화 등 몇 가지 육성 시스템을 전개했다.

사람을 키울 수 있는 건 사람뿐이다. 그리고 교육받은 경험이 있는 사람이 인재를 육성할 수 있다. 사람을 키울 수 있는 인재(감성을 겸비하고 다른 사람으로 대체할 수 없는 사람)를 육성하지 않으면 기업의 성장은 없다. 이것은 조직의 강점을 유지하기 위한 기본 중의 기본이다. 기초가 탄탄해야만 조직은 활력이 솟아나고 모든 면에 좋은 영향을 미치는 것이다.

(3) 현장에 필요한 과장을 키워라

내가 도요타자동차에서 근무하고 있을 때 안전보건부서에서 과장 교육에 대한 중요성을 제안하여 교육이 시작되었다. 도요타자동차 제조 부문의 과장은 통상 100명에서 200명에 달하는 직원을 관리한다. 과장 교육에서 처음 1년 동안은 현장을 돌면서 작업자들의 목소리와 기계소리를 듣도록 했다. 또 과장이 되었다고 어깨에 힘이 들어가지 않도록 조심하고, 지금까지 해왔던 일들의 장점을 잘 이해하라고 당부했다. '뭔가 바꾸지 않으면 안 된다!' '내 색깔을 드러내야 한다'라는 생각으로 지나친 패기를 부리면 작업자의 리듬이 엉망이 되고 심적 동요가 일어나 재해로 이어지기 쉽기 때문이다. 교육을 처음 받기 시작한 신입 과장이 담당하는 현장에서 재해가 발생할 확률은 2년 차 이상인 과장의 현장보다 두 배 이상이 높다. 그러나 '재해 발생률은 아주 낮고 재해는 10년, 20년에 한 번 꼴로 일어나기 때문에 초조해할 필요는 없다. 그리고 안전이 제일이라고 아무리 강조해도 상대방을 생각하는 마음이 전달되지 않으면 의미가 없고, 아무런 효과도 없다'라고 강조했다.

어떤 신입 과장은 모자에 자기 이름을 크게 새기고 매일 작업자 한 사람 한 사람의 이름을 부르면서 말을 걸고 다녔다. 그랬더니 현장에서 "실은 좀 당황스러운 적도 많아요"라는 소리가 들려오기도 했다. 하지만 그렇게 한발 먼저 다가가려는 노력으로 물건 배치 방식을 바꾸어 기계나 라인의 이상을 감지할 수 있게 되었다. 더 중요한 것은 현장에서 대화가 가능하게 되었다는 점이다.

또한 과장 교육을 위해 실천 교재 제작과 교육센터도 충실히 준비했다. "재해가 일어나게 된 배경을 모두 정리해서 교재로 만들어봐"라고 한 어느 임원의 지시를 내가 행동으로 옮긴 것이다. 실제로 일어난 재해와 그 배경을 재현해서 되돌아보는 일이 곧 행동으로 귀결되는 귀중한 교재가 된다는 사실을 알려주는 경험이었다.

나는 안전담당 전무와 과거의 재해를 활용하기 위한 방법을 의논할 때 시도라도 해보자는 마음으로 예산을 요청한 적이 있었다. 그런데 전혀 뜻밖에도 "알았어, 예산 편성해"라는 대답이 돌아왔다. 비록 예산 편성에는 시간이 걸렸지만 임원이 나의 진의를 파악하여 그 자리에서 결정해준 것이다. 그때부터 서둘러 담당자를 총동원해서 계획을 세우고 안전보건 교육센터에 평소에 재해 징후를 찾아내기 위한 로봇 미니라인을 설치했다.

그리고 늘 "여기서 몇 개의 이상 징후를 발견할 수 있습니까?"라는 질문을 던지며, 이상상태를 감지하는 눈을 기르는 교육을 시작했다. 결과적으로 신입 과장들은 교육을 마치면 즉시 현장에서 문제를 찾아 부서(과)의 직원과 논의할 수 있게 되었다. 이 연수 프로그램은 호응도도 높아서, 참가자들로부터 항상 5점 만점에 4.5점 이상의 평가를 받기도 했다.

그 후 안전 교육을 더욱 확충할 필요성이 부각되어, 후배들과 함께 지혜를 짜내 미니라인을 증강했다. 이때는 안전뿐만 아니라 인간공학과 노동보건 측면도 충실히 교육할 수 있도록 했다. 현재 이 프로그램은 도요타자동차 관련 기업의 임직원이나 해외 공장의 매니저 교육 등으로도 활용되고 있다. 이는 과거의 재해와 질병 등 실패 사례를 활용해 귀중한 교육적 재산으로 만든 경우이다.

현장의 핵심이며 앞으로 부장, 임원이 될 과장을 잘 육성할 수 있는지의 여부가 기업의 미래를 크게 좌우한다.

(4) 끊임없이 개선하는 사람과 조직을 만들자

모든 업무의 기본은 현장에 있다. 이 '현장'이란 제조현장뿐만 아니라 설계에서도 영업에서도 업무의 성과가 나오는 곳을 말한다. 현장에서는 개개인의 능력을 이끌어내는 활동이 중요하다. 나는 "현장을 보았는가?" "현재 상황의 원인은 무엇인가?"라고 묻고 그 과정에서 작업자의 역량을 육성했다. 이런 질문은 3무(무리, 무라: 불균형, 무다:낭비)를 찾아서 개선하는 계기가 된다. 그리고 답을 찾아 성취감을 맛보려는 사람은 성장하고, 결과적으로 회사가 성장한다. 이런 과정은 재해의 배경에 있는 문제를 찾아 하나씩 핵심 원인을 없애나가는 일과 같은 것이다.

도요타자동차의 강점은 현장에 있으며, 개선활동을 끊임없이 추진하는 사람과 조직을 만들어낸다는 것이다. 중소기업이야말로 이와 같은 소수의 인재를 키워낼 필요성이 있다고 생각한다. 시간이 걸리더라도 도전하고 계속 노력하지 않으면 기업의 내일은 없다.

(5) 팀워크의 성과는 개개인의 능력을 합한 것보다 크다

앞 장에서 '조직적 휴먼에러 방지활동'을 언급했다. 사람은 실수를 하는 동물이라는 말도 있듯이 인간은 다양한 조건하에서 실수를 범한다. 물론 각 개인의 감성이나 기능이 뛰어날 수도 있고 그들도 나름대로 자기 능력을 향상시키려 노력할 것이다. 하지만 사람에게는 한계가 있으므로 동료 간에 서로 보완하며 일하는 것이 실수를 줄이는 방법이다. 팀워크는 개개인의 능력을 모두 합한 것보다 더 큰 성과를 낳기 때문이다.

직장에서 일하는 중에 부상을 당하고 싶은 사람은 없다. 그러므로 안전보건은 누구나 관심을 기울이는 주제가 될 수 있다. 안전보건을 주제로 소집단활동을 하면 ① 문제를 공유화할 수 있고 ② 대화를 통해 동료 의식이 싹트고 ③ 개선으로 이어져 성취감을 체험하고 ④ 다음 주제에 도전하는 의욕이 솟게 된다.

이것을 반복하는 서클활동이 바로 일본 기업에서 즐겨 활용하는 QC(Quality Control: 품질관리)활동이다. 안전보건과 품질은 서로 다른 주제이지만 그 활동의 기본은 조금도 다르지 않다.

(6) 기본 자세와 기본 행동에 대해 알아보자

2007년 미국 메이저리그에서 이치로 선수가 올스타전 역대 최초로 러닝 홈런을 치는 등 큰 활약을 했고, 그해 일본인으로서는 최초로 MVP를 획득했다. 당시 인터뷰를 하던 기자가 "히트가 세 번 나왔네요"라고 하자, 그는 "나온 것이 아니고 낸 거지요"라고 되받았다. 현재 상황에 만족하지 않고 매일 노력하고 있기에 그렇게 반론할 수 있었을 것이다. 언제나 더 높은 곳을 지향하는 것은 훌륭한 자세이다. 나는 이치로 선수에게서 배우는 바가 많다. 예를 들어, 스트레칭부터 시작하는 기본 동작을 매일 반복해서 훈련하는 일도 쉽지만은 않은 것이다.

일본 체조가 부활한 2008년, 베이징 올림픽에서 체조팀이 좋은 성적을 거둔 요인 중 하나로 엄격한 가정교육이 꼽혔다. 국내 심사 기준의 중점을 곡예적인 연기보다 일거수일투족을 아름답게 보여주는 데 두고, 평상시의 자세와 행동 등 기본 동작을 엄격하게 관리한 것이 수준 향상으로 이어져 해외 경쟁에서 승리할 수 있었다는 분석이었다. 2012년 런던 올림픽에서도, 우치무라 코헤이 선수가 아름다운 자세를 내세운 연기로 높은 평가를 받아 개인 종합 금메달을 받았다.

우리들도 기업에서 일을 하고 급여를 받는 프로이다. 그러므로 "안전을 지키기 위한 기본 행동을 어디까지 익히고 있는가?" "매너리즘에 빠진 사람은 없는가?"라는 질문으로 항상 자신과 동료의 주의를 환기시켜야 한다. 그리고 늘 '기본 동작' 하나하나를 반복하여 더 높은 수준에 도달하려 애쓰지 않으면 안 된다.

기업의 안전보건부서에서 활동할 때 안전보건활동 우수 기업인 듀퐁으로부터 세 가지 기본 행동을 배웠는데, 나는 지금까지 이 원칙을 지키면서 끊임없이 다른 사람들에게도 전하고 있다. '작업장에서 뛰지 말라,' '주머니에 손을 넣고 다니지 말라,' '계단에서는 양손이 언제든 난간을 잡을 수 있도록 하라.' 모두 간단해 보이지만 쉽지만은 않은 깊은 의미가 있는 지침이다.

사내에서는 공통적인 기본 행동에 관한 이상적인 자세를 설정하고 철저하게 지켜야 한다(〈표 2〉 참고). 이때 최고경영자가 솔선수범하면 직원들의 의식도 변화하고 반드시 재해 방지로 이어진다. 이처럼 모든 일은 기본이 중요한 것이다.

기본 행동	· 활기차게 인사하기, 주머니에 손 넣고 다니지 않기, 현장에서 뛰지 않기, 정해진 장소에서 흡연하기 등
작업 행동	· 물건을 손에 들고 승강기를 사용하거나 이동하지 않기, 전기 검사 엄수하기, 활선 작업 하지 않기, 고소(高所) 이동 시 안전고리 걸기, 매달린 제품(부품) 아래 들어가지 않기, 정리·정돈의 2S 등

〈표 2〉 기본 행동·기본 작업 행동의 예

(7) 사람이 물건을 만들기 때문에 사람을 만들지 않으면 일도 시작되지 않는다_〈도요타 웨이 2001〉

결론적으로, 안전보건을 추구하려면 사람을 만들어야 한다. 즉 사람으로서 살아가는 방법이나 생각, 문제 해결 방법을 토대로 한 사고회로와 행동 패턴을 가진 사람을 길러내는 일이 중요한 것이다.

'사람이 물건을 만들기 때문에 사람을 만들지 않으면 일은 시작되지 않는다'는 도요타자동차의 행동지침은 바로 안전보건활동이 곧 기업활동임을 의미한다고 생각한다.

〈도요타 웨이 2001〉을 발표할 당시 도요타자동차를 이끌고 있던 조 후지오 사장은 '사람을 소중하게 생각하는 마음은 세계 어디에서도 통한다'고 지면에 기술한 적이 있다. 나 자신도 이에 공감한다. 또한 '사람을 믿고, 사람을 소중히 생각하고, 사람을 육성한다'는 원칙이 기본이 되어야 한다고 생각한다. 이를 이해하면 사람이 함께하는 자동화나 표준화 같은 변화는 쉽게 받아들일 수 있을 것이다.[9] 즉, 사람을 소중히 하는 마음이나 팀워크를 소중히 여기는 자세는 어디에서도 통용된다는 뜻이다.

이런 사고는 기업활동의 진수이다. 그리고 안전보건은 기업의 근

---

9 사람을 중요시하는 자동화나 표준화라면 현장에서도 수용 가능함을 의미한다.

간이자 생명선이라고 생각하는 나 자신의 신념, 활동과도 일맥상통한다.

(8) 소집단활동에 의한 교육을 활용하라

'사람 만들기'에 소집단활동은 매우 효과적이다. 소집단활동의 기본 개요을 확립하고 추진하면 반드시 성과가 나타난다〈표 3〉.

1989년에서 1999년 사이 도요타자동차에서 일어난 재해는 약 60퍼센트가 틈새에 끼이거나 말려드는 사고였다. 그래서 도요타자동차에서는 이에 중점을 두고 '끼임재해 방지검토회'를 설립했는데, 이것도 일종의 소집단활동으로 볼 수 있을 것이다. 당시 회사 전체를 통틀어 기계 공장은 아홉 개가 있었고, 그 밑으로 기계부 열두 곳, 삼만오천 대의 설비가 있어 끼임·말림재해는 커다란 과제였다.

검토위원회의 위원장은 전문 지식을 갖춘 기계 부장 중에서 지명되었고, 위원은 각 공장을 대표하는 과장과 생산기술 부문의 과장, 그리고 공장 대표 안전보건담당자로 구성됐다. 사무국은 내가 소속된 안전보건 추진부에서 맡았다. 도요타자동차에서는 10년 정도 이 활동을 진행했고, 그 결과 활동 초기의 10분의 1까지 재해를 줄일 수 있었다. 이 검토회는 재해 감소를 대외적인 목표로 내세웠지만, 내부적으로는 과장급의 수준 향상도 도모했다.

먼저 1년간의 검토회활동을 정리하여 전무에게 보고할 때, 우리는 처음부터 보고 방법을 명확하게 정했다. 그 자리가 결산 결과를 발표하거나 지적만 하는 시간이 되면 의욕이 사라질 수 있으므로, 처음에는 서로 칭찬하고 현지현물로 서로 바람직한 활동을 자랑하는 장으로 만들었다.

위원들이 다른 공장의 장점을 자기 부서에 적용하거나, 그런 적용이 가능하도록 추진하고, 또 고민을 털어놓고 함께 의견을 교환하는 가운데 강점 공유와 문제 개선이 이루어질 수 있었다.

위원장은 당초에는 업무 평가가 좋은 부장 중에서 선임했지만, 후반에는 의식적으로 문제점이 있는 사람을 지명하도록 했다. 그후, 문제가 많던 한 부장이 1년 동안 크게 달라지는 것도 직접 확인할 수 있었다.

위원을 교체할 때는 지속성을 유지하기 위해 3분의 1은 잔류시키는 방법을 제안했다. 하지만 전무는 "모두 바꾸세요! 이 검토회는 과장 교육의 좋은 기회입니다. 사무국의 멤버는 바뀌지 않으니까 계속성은 유지할 수 있어요"라고 지시했다. 그래서 위원은 막 과장 교육을 받은 신입 과장 중에서 선출했는데, 이로써 검토회가 신입 과장 연수 뒤 1년 동안의 사후 관리 교육과 실천 교육의 장으로도 활용되었다.

그리고 되도록 많은 신입 과장들에게 위원직을 경험하게 하려던

인선의 의도는 적중했다. 각 부서의 과장 중 3분의 1이 검토회 위원활동을 거침으로써 회사 전체적으로 활동의 방향성이 자리잡게 되었고, 이것이 재해의 감소로 이어진 것이다.

소집단활동 참여자	· 동료 간에 문제를 공유한다 · 서로 토론하는 가운데 동료 의식이 생겨난다 · 개선으로 연결되어 성취감을 느끼면 다음 과제에 도전하려는 의욕이 샘솟는다
소집단활동의 효과	· 수준과 내용의 향상을 도모할 수 있다 · 팀워크로 개개인의 모든 능력을 합한 것보다 더 큰 성과를 창출한다 · 실패를 수용하는 체제와 토양에서 인재를 육성한다

〈표 3〉 소집단활동의 기본 개요

(9) 인사제도가 안전보건활동에도 큰 영향을 준다

경험을 쌓게 하고 인재를 키우는 인사제도는 반드시 필요하다. 그러나 때때로 인사가 잘못되면 큰 상처를 남기기도 한다.

도요타자동차의 현장은 최고관리자가 '현장'을 모르면 돌아가지 않는다. 현장관리자 교육에서는, 현장 사람들은 인사이동으로 바뀐 상사의 생각이나 방향성(속마음)을 사흘 만에 파악한다고 가르친다. 상사가 안전을 중시하는지, 생산을 중시하는지, 판단 기준이 현장의 시선인지 아니면 자신의 잣대인지 현장은 금방 파악할 수 있는 것이다. 현장에는 경험을 통해 이런 점들을 빠르게 판단하고 그에 따라 행동하는 지혜와 경향이 있다. 그러므로 말로는 현장을 중시한다고 하면서 실제 행동이 다르면 커뮤니케이션이 안 된다.

결과론적인 말이지만, 오랜 경험에 비추어보면 재해나 품질 문제, 교통사고가 많은 현장에는 반드시 배경적 요소가 될만한 상사가 있었다. 그리고 그의 행동이 현장에 영향을 끼치고 있다는 데서 위기감이 느껴졌다. 능력이 훌륭해서 승진을 했겠지만, 사람의 마음을 얻는 일은 업무 수행력과는 관계가 없고 간단하지도 않다.

도요타자동차 근무 시절, 안타까운 일을 겪는 동료가 없었으면 좋겠다는 생각과 열정으로 나는 과장·부장 교육부터 안전보건 현장진단에 이르는 활동을 했다. 그런데 안전보건 측면의 현장진단 결과는 인사관계 사정과 크게 다르지 않았고 부서나 과의 평가와도 일치했다. 이런 사실 때문에 안전보건활동 측면에서 더욱 납득할 수 있는 논리로 인사에 대해 제안할 수 있다고 생각한다.

안전보건 부문의 문제는 현장의 특징을 드러내는 현상이며 잠재적 문제를 비추는 거울이다. 그러므로 관리자는 안전보건활동을 현장의 시선으로 효과적으로 수행할 수 있어야 한다. 또 안전보건담당자는 열정과 신념으로 이 점을 인사부에 제언할 수 있어야 한다.

2. 실효성을 높이는 교육의 포인트

⑴ 교육은 기업의 기본적인 활동이다

기업의 입장에서 봤을 때 인재(人財)는 글자 그대로 '사람이 재산'
이라는 뜻이다. 그런 사람을 만드는 중요한 수단이 교육이며, 교육
은 기업활동의 생명이다. 나는 이런 생각으로 교육활동을 실천해왔
다. 특히 집합 교육은 일기일회, 즉 일생에 한 번 만나는 기회라고 생
각하고 진검승부의 마음으로 임했다. 사람 만들기는 집합 교육뿐만
아니라 하루하루의 가르침과 배움이 축적되어 이루어지는 것이지만,
여기서는 집합 교육을 중심으로 소개하기로 한다.

교육에는 계층별 교육, 특별 교육, 전문가 교육 등 여러 종류가
있다. 대기업에는 체계적인 교육시스템이 마련되어 있지만 중소기
업은 그렇지 못한 경우가 많다. 여기서 체계화 부분은 생략하기로
하겠지만, 중소기업이나 현장 단위에서는 (시스템이 부족한 대신) 직

원들을 모아놓고 지침이나 지시 등을 전달하며 이야기할 기회가 많을 것이다. 그러므로 넓은 의미에서 기본적인 방식과 취지는 대기업의 교육과 중소기업의 교육에 큰 차이가 없다고 생각한다.

(2) 교육은 '공유하기'다

교육은 재해 방지의 중요한 보루이다. 교육은 '사람'을 키워내는 일인 만큼 누구나 가르치는 사람이 될 수 있는 것은 아니며, 그런 역할을 할 사람에게는 일정 수준 이상의 자질이 요구된다. 안전보건담당자 중에는 주최자의 생각이 수강자의 마음까지 전달되지 않아 답답함을 느끼는 사람이 많이 있을 것이다. 하지만 단시간에 훌륭한 강사가 될 수는 없다.

나 자신도 젊은 시절 재해 방지 강의 도중 몇 번이나 등줄기에 식은땀을 흘린 적이 있다. 혼란스러운 경험을 여러 번 한 지금은, 그런 잘못에 대한 뉘우침과 강의 내용을 제대로 전달하고 싶다는 의욕으로 어느 정도 자신을 가지고 강의를 할 수 있게 되었다. 경험은 커다란 재산이다. 그러나 현재도 똑같은 교육 과정을 다섯 번 진행하면 스스로 만족할 수 있는 건 한 번 정도에 지나지 않는다. 내 몸의 상태나 상대의 조건 등 많은 요소가 다르기 때문에 항상 도전하는 기분으로 강의에 임하고 있다.

도요타자동차에서 안전보건에 관한 과장 교육을 처음 시작할 때 강사는 나를 포함하여 세 명이었다. 그리고 그 뒤에 젊은 안전보건 담당자에게도 강사 등단의 기회가 주어졌다. 그들은 수강자인 과장들로부터 대답이 궁핍한 질문도 많이 받았다. 나와 동료 안전보건 담당자는 식은땀을 흘려가며 사후 관리를 하고, 매일같이 반성회를 열이 매우 세세한 부분까지 지도하여 후배 강사를 육성했다. 그렇게 해서 후배들도 나중에는 자신감을 가지고 훌륭한 강사진으로 활동했다. 교육이 배우는 사람보다 가르치는 사람에게 오히려 공부가 되는 경우도 있다. 그것이 바로 교육이 '공유하기'로 일컬어지는 까닭일 것이다.

(3) 강사는 사전에 준비하고 자료를 만들어라

교육에 있어서 사전 준비는 기본 중에 기본이다. 사전 준비 없이는 성과도 없다.

① 가능하면 대상자는 동일한 수준으로 한다

대상자는 교육 목적에 따라 직급이나 자격 등의 수준과 경험을 최대한 고려해서 선정한다. 강의를 듣는 사람들의 수준을 비슷하게 맞출 수 없다면 강사가 강의를 진행하면서 불균형을 보완해야 하는데, 이런 경우에는 전체적으로 기대 효과가 낮다.

② 강의 장소를 정하고 한 책상에는 두 사람씩 앉게 한다

교육 목적에 따라 강의 장소는 달라진다. 하지만 설비 등의 현물을 사용할 필요가 없다면 현장에서 떨어진 강의실을 사용하는 편이 집중에 도움이 된다. 수강자가 '지금은 업무에서 손을 떼고 교육에 집중할 시간이다'라고 느낄 수 있는 분위기 만드는 것이 중요하다. 이를 위해서 안전보건 깃발이나 안전보건 슬로건, 회사 방침의 게시물 등을 활용하면 효과적이다. 그리고 강의 장소는 프로젝터, 스크린, 화이트보드 등 강의에 필요한 물건을 준비하기 쉬운 곳으로 선정한다.

또 한 자리에 세 명이 앉으면, 가운데 앉은 사람은 얼마 지나지 않아 집중력을 잃게 된다고 한다. 사람들은 자리에 앉을 때 대부분 끝자리부터 차지하는데, 이것이 그런 심리를 잘 보여주는 듯하다. 강의는 세심한 배려로 기획해야 하므로 내가 진행한 교육에서는 모두 한 책상에 두 명씩 앉게 했다.

③ 상대의 기대치와 원하는 바를 파악한다

강사는 안전보건활동 사무국(부서)이 전달하고자 하는 내용을 정리하는 것은 물론, 그 내용이 강의 대상자에게 합당한지 살펴보아야 한다. 대상자의 업무 내용, 재해 발생 상황, 최근의 문제, 대상자 상사의 기대치 등을 미리 조사하고 검토해두는 것이 좋다. 또한 정기적인 교육이라 하더라도 매번 사전에 그 취지와 방법에 대해 새롭게 인식하도록 한다.

④ 강의에 효과적인 자료를 준비한다

최근에는 컴퓨터를 사용해서 스크린으로 설명하고 자료를 배포하지 않는 경우도 있다. 하지만 그렇게만 한다면 감동적인 강의가 되기 어렵다. 전달하고자 하는 내용은 자료 배포가 기본이다. 사정이 여의치 않다면 적어도 요지만이라도 인쇄물 등으로 나누어주기를 추천한다. 또한 슬라이드로 발표하는 사람이 참고하려고 만든 메모처럼 글씨를 빽빽하게 작성하는 것도 금물이다. 자료는 키워드를 중심으로 글자를 크게 쓰고 그림이나 사진, 도표 등을 사용해서 간략하게 만들어야 한다.

⑤ 말하는 내용의 열 배가 되는 재료를 준비한다

나는 '말하는 요지에 따라 관련 자료나 재료를 열 배는 준비해야 한다'고 배웠다. 그래서 수강자의 직종이나 환경, 경험 등이 다른 경우라도 사용할 카드를 많이 준비하여 알찬 강의가 되도록 노력했다. 자료는 업무 중에 얻은 정보나 과거에 있었던 일 등을 떠올려 매일 정리해둬야 한다. 또 주변에서 일어난 사상이나 현물을 활용해 설명하면 이해를 도울 수 있다.

(4) 바람직한 강의법에 대해 알아보자

① 교육은 던지고 받는 캐치볼이다

교육을 받는 수강자가 항상 동일한 조건에 있을 수는 없다. 동일한 강의를 진행할 때에도 상대의 관심사나 입장, 경험에 따라 흐름을 바꾸기도 하고 사례를 바꾸기도 해야 한다. 이를 테면, 야구 선수가 같은 공을 던지더라도 항상 동일한 구질로 던질 수는 없는 것과 같은 이치다. 먼저 큰 틀에서 전체적 흐름을 파악하고, 대화나 토론을 통해 상대의 이해력을 살피고 말의 핵심을 끄집어내도록 한다. 이렇게 할 수 있다면 훌륭한 강사라고 할 수 있다. 요컨대, 강의를 할 때는 항상 수강자와의 캐치볼을 의식하고 진행하는 것이 중요하다.

② 컴퓨터 자료에 빠지지 않도록 한다

교육이 프로젝터가 비추는 스크린이나 컴퓨터 화면을 읽는 것만으로 진행된다면 수강자는 금방 질려버린다. 강사는 교육 내용이 전체적 흐름 중 어디에 위치하고 있는지 항상 의식하고, 전후 관련성을 살펴가면서 설명해야 한다. 컴퓨터는 문자만으로는 전달하기 어려운 내용에 대한 이해를 사진이나 그림으로 심화시킬 때 사용하는 도구로 생각해야 한다. '교과서를' 가르치는 것이 아니라 '교과서로' 가르치는 것이다.

③ 간단하게 대답할 수 있는 질문을 한다

수강자는 모르는 것을 배우러 왔고 모두 긴장하고 있다. 물론 수강자에게 질문을 하고 참여를 유도하는 일도 중요하다. 하지만 어려운 질문을 받은 수강자가 대답에 시간을 끌게 되면 그다음부터는 당사자뿐 아니라 다른 수강자의 귀로도 정보가 들어가지 않는다. 그러므로 질문은 간소하고 간단하게 답할 수 있는 내용이 적당하다.

④ 상대의 얼굴을 보고 눈을 맞추며 설명한다

강의실의 연단과 같은 한 장소에서 강의가 계속되면 수강자들은 시선을 한곳에 고정해야 하는 단조로움에 집중력을 잃게 된다. 그러므로 강사에게는 전체 수강자의 움직임을 지속적으로 확인하면서 말하는 테크닉이 필요하다.

또한 가르치는 데만 너무 몰입해서도 안 된다. 강의 자료를 고생해서 준비했다는 생각에 모든 지식과 정보를 전달하려는 의욕이 앞서다 보면 무리가 따른다. 상대의 이해력이나 반응이 강사 자신의 의도나 예상과 다르면 바로 방향을 전환해야 한다. 100퍼센트를 고집하다가 0퍼센트의 결과를 얻으면 아무런 의미가 없다. 경우에 따라서는 80퍼센트나 60퍼센트 정도를 확실하게 가르치는 데 만족하는 아량이 필요하다.

⑤ 화이트보드를 적절히 활용한다

수강자가 꼭 알아야 할 키워드나 수강자에게 익숙하지 않은 단어는 글씨체가 훌륭하지 않더라도 빠르고 크게 화이트보드에 쓰도록 한다. 이것도 테크닉 중 하나다. 또한 중요한 포인트를 강조해서 "여기만은 꼭 중요 표시를 해두세요!"라고 수강자의 주의를 집중시키는 등 강약을 조절하는 강의 기술을 갖춰야 한다.

⑥ 목소리의 품질이 강의의 성공을 좌우한다

강사의 목소리가 작아 수강자가 강의를 잘 들을 수 없는 경우가 최악의 수업이다. 가끔은 수강자의 집중력을 높이기 위해 의식적으로 작게 말하는 사람도 있지만 이러면 역효과가 나기 쉽다. 그렇다고 매분 매초 기계적으로 목소리를 크게 내서도 안 된다. 중요한 것은 말하는 억양이다. 수강자에게 전달하고자 하는 내용이 뚜렷이 머릿속에 그려져 있다면 저절로 강약을 조절할 수 있을 것이다. 극단적으로 얘기하면, 강의의 성공 여부는 그 내용보다 강사가 선택하는 단어나 목소리의 품질, 그리고 얼굴의 표현력(진지함의 정도)에 달려있는 것이다.

⑦ 말하는 사이사이의 간격을 활용한다

말이 빨라도 적당한 간격이 있으면 듣는 사람이 이해하기 쉽다. 물론 듣기에 적당한 속도를 유지하는 것은 좋지만, 말의 흐름에 시종일관 변화가 없으면 수강자들이 졸게 된다. 말하는 사이사이의 간격을 조절하는 일은 교육을 하는 강사에게만 중요한 것이 아니다. 자신의 말을 효과적으로 전달하고자 하는 사람이라면 누구나 단어와 단어, 문장과 문장 사이에 적당한 틈을 활용하는 기술을 갖추어야 한다. 이런 기술은 경험을 쌓아가는 과정에서 습득할 수 있다.

⑧ 기승전결과 시간 배분에 주의한다

본격적인 강의와 직접적인 연관이 없더라도 세간의 시사 문제 등을 적절히 언급하면 강의 내용의 이해를 촉진하고 관심도 높일 수 있다. 이를 위해 나는 항상 책을 읽고 의식적으로 신문이나 TV도 보고 있다.

'최초 10분, 최후 10분'이라는 말도 있다. 그 강의에서 전달할 내용을 교육 시작 후 10분 안에 얘기하고 마치기 10분 전에 다시 강조하는 방법이다. 첫 10분에서 분위기를 이끌어내지 못하면 전체적으로 이해도가 높을 것이라고 기대하기 어렵다. 따라서 처음에 수강자의 주의를 끄는 것이 중요하다. 또 강의가 끝나기 10분

쯤 전에 "오늘 전달하고 싶었던 내용은 이것입니다"라고 핵심을 정리하면 수강자가 더 쉽게 이해하고 납득할 수 있다. 그러므로 기승전결의 이미지를 마음속에 확실하게 그리면서 강의에 임해야 한다.

⑨ 웃음은 수강자의 이해를 높인다

쉽지 않은 일이긴 하지만, 수강자들의 웃음을 이끌어낼 수 있는 재료를 몇 가지 준비해두도록 한다. 참가자와 관련한 웃음을 유도해도 좋다. 웃음은 교육에 참가하고자 하는 의욕을 높이고 결과적으로는 이해의 깊이를 더할 수 있다. 물론 웃음의 소재로는 허물없는 내용이 좋다는 점에 유의해야 한다.

⑩ 지식 · 의식 · 행동이 교육의 키워드다

교육에는 몇 가지 단계가 있지만, 그 기본은 지식·의식·행동이다. 지식이 없는 사람은 의식이 싹트지 않고, 의식이 없는 사람은 행동하지 않는다. 최종적으로는 교육이 어떻게 행동으로 실천되게 하는가가 중요하다. 사실 실효도 없이 강사의 자기만족으로 끝나는 교육도 많다. "어떻게 하면 배운 바를 행동으로 옮기게 하는 강의를 할 수 있을까?" 강사는 항상 이것을 탐구해야 한다. 또 반성을 반복하고 다음 교육 과정에 이를 반영하는 노력을 해야 한다.

(5) 현지현물에서 OJT를 실시하라

집합 교육은 중요하다. 그러나 2~3일간 이루어지는 교육에서 동기 부여와 인식 개선에 중점을 두고 실천력을 몸으로 익히게 하려면 OJT(On The Job Training: 현장 실습 교육)가 필요하다. 현장에서는 중간관리직의 역할이 크다. 그렇기 때문에 도요타자동차에서도 크레인 회사에서도 과장급 이상을 교육하는 과정에서 OJT에 많은 시간을 할애한다.

기업은 각자의 환경에 맞는 OJT 시스템을 만들 필요가 있다. 그리고 이 시스템을 만들 때 매뉴얼이나 표준도 같이 만들어야 한다. OJT 진행 시에는 인재를 길러내는 기본적인 질문법을 활용하면 좋다. "현장을 확인했는가?" "현장 상황의 원인은 무엇인가?" 같은 질문을 하고 답을 찾게 하는 것이 생각하는 능력을 기르는 데 효과적이기 때문이다. 물론 대화의 방법 역시 OJT의 효과를 높이는 중요한 요소이다.

교육과 훈련이란 시간과 장소를 막론하고 항상 사람을 성장시키는 중요한 활동이라는 사실을 기억해야 한다.

3. 안전풍토 만들기

(1) 안전풍토는 기업과 직장의 풍토가 된다

문화(풍토)는 사람이 오랜 시간에 걸쳐 만든 것이며, 사람은 문화에 의해서 만들어진다. 그러므로 국가, 지역, 사회에 따라 문화가 다른 것도 사실이다.

지금은 '안전문화 구축'이나 '안전문화 만들기' 같은 구호를 자주들을 수 있지만, 내가 안전담당자였던 1990년 당시에는 안전을 기업풍토로 생각하는 회사는 그다지 많지 않았다. 현재에는 전체적인 안전보건 상황이 좋아졌다고는 하지만, 한편으로는 오히려 중대한 재해나 사고가 빈발하고 두드러지는 경향이 있다. 그래서인지 여론도 옛날보다 안전과 안심에 대한 관심이 높고, 기업의 안전풍토도 어느 때보다 크게 요구되고 있다.

안전풍토란 무엇인가? 이에 대한 대답과 의견은 천차만별일 것이다. 하지만 안전풍토란 안전만이 중시되는 특별한 개념이 아니고, '안전이 곧 기업풍토'가 되는 사회적 분위기라는 것이 나의 지론이다.

확실한 데이터를 가지고 있는 것은 아니지만, 일본에는 100년 넘게 대를 이어오는 점포[10]가 몇천 개나 있다고 한다. 일본은 무언가를 소중히 생각하며 계속해서 발전시키는 문화를 가지고 있다. 그러나 수명이 짧은 기업이 많은 것이 지금 현실이라서 안전문화나 풍토를 만드는 일은 어려운 과제이다. 하지만 안전문화가 곧 기업이 살아남는 방법이라는 점을 생각하면, 사람을 소중히 여기는 회사가 생존할 수 있다는 사고방식은 바람직한 것이 아닐까 한다.

시대 변화와 더불어 재해가 감소하고, 설비, 조직 등의 환경도 변화하고 있다. 따라서 안전보건활동도 환경 변화에 맞춰 연구해야 한다. 한 사람 한 사람이 납득하고 참여할 수 있는 구체적인 활동이 중요한 것이다. 실제로 일하는 사람들이 수긍하지 못하면 형식적인 활동만 판을 치게 된다. 비유하자면, 축제 때 행렬 앞에 서야할 화려한 장식의 가마가 움직이지는 못하고 전시되기만 하는 경우와 같다.

그러나 활동 대상이 되는 인간의 본질은 변하지 않으므로, 중심이 되는 기본적인 사고가 확실히 계승되지 않으면 좋은 풍토나 문화를 만들 수 없다. 형식만 계승하거나 바꾸는 것이 아니라 마음과

---

10 점포(老舗)는 '시니세'라고 읽는데, 전통이 있는 기업이나 가게, 또는 직업 자체를 의미하기도 한다.

사고방식을 이어받아야 한다. 프랑스의 조각가 로댕의 '전통이란 형식을 계승하는 것이 아니라 그 정신을 계승하는 것'이라는 말과 일맥상통하는 생각이다.

도요타자동차는 일본에서도 오랫동안 사랑받아온 크라운(Crown) 자동차를 생산하는데, 이 차는 일본의 전통문화를 소중하게 담은 설계 사상을 시대를 초월해 이어가고 있다. 이것도 하나의 기업문화라고 생각한다. 또 안심감과 설득력 있는 사고, 활동을 기본으로 삼는 일이 얼마나 중요한지 보여주는 예이기도 하다.

(2) 최고경영자의 의지와 솔선수범이 중요하다

최고경영자가 모든 일에 안전을 우선시하는 경영철학을 가지고 있다면 누구도 그에 대한 이론은 없을 것이다. 그러나 중요한 것은 그 철학을 구체적으로 표현하고 실천하는 일이다. 즉, 단기간의 결전으로 끝내는 것이 아니라 집념을 가지고 현장의 눈으로 끊임없이 실천하는가가 중요한 것이다.

어느 회사의 경영자는 부하에게 지시할 때 마지막에 "잘 생각해서 하도록"이라고 덧붙이는 버릇이 있었다. 생산, 품질, 안전 모든 면에 최선을 다해야 한다고 역설한 뒤에 늘 따라오던 이 말을, 현장작업자는 "생산제일로 해"라는 뜻으로 이해했다. 결국 이 회사의 재해는 감소하지 않았다.

또 다른 회사의 사장은 안전대책회의 마지막에 "더욱 이익을 올릴 수 있도록 합시다"라고 말하곤 했다. 그 회사는 그 후 대형 사고를 일으켜 이익이 대폭 감소하고 말았다. 최고경영자의 말 한마디가 얼마나 중요한지 잘 보여주는 예이다.

현재, 5~10명이 작업하는 현장에서 직장이 된 사람은 정년까지 현장재해를 경험하는 일이 별로 없을 것이다. 그러나 재해가 없다는 사실은 안전보건활동을 했기 때문인지, 어쩌다 운이 좋았기 때문인지에 따라 의미가 전혀 달라진다. 하지만 실제로 현장이 생산, 품질, 개선 등 눈앞에 전개된 문제와 매일 씨름하는 가운데 좀처럼 발생하지 않는 재해 방지를 위해 활동할 것인가? 대답은 '아니오'이다.

제1장에서도 소개했지만 안전, 품질, 비용을 의미하는 약어 SQC에서 S를 굵은 글씨로 쓸 만큼 안전은 중대한 문제다. 또 최고경영자의 우선권으로 S(Safety: 안전)가 중요하다고 계속 언급하는 것도 큰 의미가 있다. Q(Quality: 품질)와 C(Cost: 비용)는 매일 현장에서 눈앞에 보이지만, 안전은 (현장이 최선을 다한다 해도) 지속적으로 강조되지 않으면 관련 활동과 의식이 저하되기 때문이다.

나는 도요타자동차에서 크레인 회사로 옮긴 뒤 최초로 회사 방침으로 안전보건을 제안했다. 다들 안전보건이 최우선이라고 하지만 실제로 그 말을 실천하는 회사는 많지 않을 것이다. 당연히 부서의 방침도 동일하게 추진했고, 그 실천을 위해 하루하루 솔선하여 행동하고 회의도 했다. 나 자신이 할 수 없는 일은 지시하지 않았고, 무언가를 결정할 때는 제안을 통해 다같이 참여하게 했다. 물론 완벽은 없었고 반성과 성장의 연속이었다.

　기업의 안전보건은 최고경영자의 태도와 신념에 따라 크게 좌우되므로, 좋은 회사가 되려면 최고경영자가 안전보건을 현지현물로 실천하는 것이 중요하다.

(3) 탑다운과 바텀업의 균형을 맞춰라

　지금까지 많은 기업을 보아왔지만, 안전보건이 기업 최고경영 정책의 슬로건으로서 공허한 말에 그친 경우가 많았던 것이 현실이다. 하지만 안전보건은 실제로 실천되어야 의미가 있다. 또 부상이나 질병만을 없애기 위한 활동을 할 게 아니라 안전을 키워드로 사람을 만들어야 한다. 부상과 질병은 회사의 문제를 드러내는 대표적인 특성이며, 그 진정한 원인을 제거하는 활동은 안전보건 분야에서 시작되어야 한다. 나는 지금까지 이러한 생각으로 안전보건활동을 해왔다. 다소 단정적으로 말하면, 안전보건활동을 확실하게 펼치면서 지속적으로 가능하게 하는 풍토가 그 회사의 안전풍토로 자리매김하는 것이다.

나의 고향인 아이치 현 도요타 시에서는 300년 넘는 역사를 가진 고로모 축제[11]가 열린다〈사진 1〉. 현재는 토요일과 일요일에만 개최되지만 예전에는 평일에 열렸다. 지역 사람들은 이 축제 때만은 무슨 일이 있어도 회사를 쉰다고 한다. 이때 백미는 단연 거리에 등장하는 대형 가마이다. 그런데 그 위에서 지휘를 하는 사람은 화려한 존재이지만, 정작 행사를 시작하는 건 가마를 끄는 사람이다. 그가

〈사진 1〉 고로모 축제

※ 사진제공: 도요타시관광협회

11   고로모 축제(拳母祭り)는 아이치 현 고로모 지역에서 매년 10월 셋째 주 토요일과 일요일 이틀에 걸쳐 열린다. 고로모는 도요타 시의 옛 이름이다. ─옮긴이

출발하지 않으면 축제가 시작되지 않는 것이다. 이렇게 지위 고하나 역할을 막론하고 한 사람 한 사람이 다 참여해야 이루어지는 것이 문화라고 생각한다.

또 문화는 그 시대에 있었던 모습을 오랜 시간에 걸쳐 전승하는 것이기도 하다. 사람이 중심이 되고 시간이 걸리는 점에서 안전보건활동과 닮았다. 마찬가지로 안전풍토도 당황하거나 서두르면 형성되지 않는다. 그렇다면 이런 문화는 어떻게 하면 계승할 수 있는 것일까? 이를 위해서는 끈질긴 집념으로 전통을 이어받는 최고경영자의 리더십도 필요하고 참여해주는 사람도 필요하다. 그리고 그 과정에는 탑다운(Top-down: 상의하달식)이 있고 그 이상의 바텀업(Bottom-up: 하의상달식)도 있다. 이 두 방식 사이의 균형을 항상 염두에 두고 안전풍토를 만들어가는 것이 중요하다.

(4) 방침을 바꾸지 않는 집념이 필요하다

최고경영자나 관리자는 부하에게 "이것도 하고 저것도 하세요"라고 지시하는 경향이 있다. 그러면 현장 제일선에서는 생산, 품질, 인사, 안전, 이 모든 주제와 관련한 너무나 많은 일들을 진행해야한다. 결과적으로 현장은 그 과제들을 다 해내는 일이 불가능한데도 수행했다고 거짓말을 하게 된다. 관리자는 혹시나 일어날 불상사에 대한 '면죄부'로서 한 번에 많은 과제를 지시할 수도 있지만, 그런 지시는 회사에 전혀 도움이 안 된다.

작은 일이 불가능한 상황에서는 큰일도 실행되지 못한다. 한 가지 실시 사항도 제대로 수행이 안 된다면 몇 개를 지시한다고 해도 결과는 같다. 하지만 일관된 주제를 가지고 실시 사항의 범위를 하나로 좁히면, 현장이 해야 할 일이 확실해지고 성과는 자연히 따라온다. 주제를 하나씩 실천하면 능률을 향상시킬 수 있고 좋은 성과를 기대할 수 있다는 얘기다. 그러므로 상사는 마음을 굳게 먹고 꼭 필요한 지시를 내려야 한다.

(5) 환경이 바뀌고 사람이 바뀌어야 문화가 된다

도요타자동차의 안전보건 현장진단(당시의 도요타판 OSHMS로 볼 수 있다) 결과는 환경의 주요 요소는 설비, 인간관계, 최고경영자의 자세라는 점을 명확히 보여주었다. 이런 것들이 갖추어졌을 때에야 비로소 사람의 의식이 바뀐다. 그리고 현장의 최고관리자부터 제일선까지 같은 사고방식을 공유할 수 있을 때 비로소 '현장풍토'를 말할 수 있다.

도요타자동차의 안전보건 현장진단에서, 현장풍토가 형성되기까지 최소한 10년은 걸릴 것이라는 결과가 나왔다. 최고경영자는 확실하게 지시했으니 안심해도 될 것이라고 생각해도 현장이 최고경영자의 기대처럼 움직여주지 않는 경우가 있다. 또 신입 과장의 현장에서는 재해가 상대적으로 많이 일어나기도 한다. 최소 10년이라는 예상은 이런 사실도 고려해서 나온 것이다.

이와 같이 풍토나 문화 형성은 하루아침에 되는 일이 아니며, 과제를 극복하고 오랜 시간을 들여야 한다. 그러므로 '문화 만들기'에도 절차가 있다는 사실을 잘 이해하고, 그다음에 나아가고자 하는 길을 확고하게 가는 것이 결국은 지름길이다. '급할 수록 돌아가라'는 말을 기억하라.

제3장

사고를 방지하는 구조 만들기와 구체적 실천 포인트

1. 안전보건활동의 토양을 만드는 노동안전보건 관리시스템(OSHMS)

(1) 체제 구축은 지속적 활동의 기본이다

_안전보건담당자의 유용한 도구, 시스템 만들기

안전보건활동은 최고경영자의 의식에 따라 크게 바뀐다. 나는 최고경영자에게 내 생각을 제대로 전달하지 못해 후회를 한 적이 있다. 많은 안전보건담당자가 나와 같은 경험을 했을 것이다. 최근 일본의 산업안전보건법[12]이 개정되고 시대 배경이 변화하기도 하여 이전에 비해 기업에서 안전보건이 갖는 가치(중요도)가 한 단계 더 올라갔고 안전보건담당자의 위치도 개선되었다. 그러나 안전보건의 기반이 되는 활동이나 시스템이 구축되지 않는다면 안전보건

---

12 우리나라에서는 산업안전보건법 제19조에 의해 산업안전보건위원회를 설치, 운영하도록 하고 있다. -옮긴이

의 위치는 변함없이 불안정한 상태에 놓이게 된다. 바로 이런 우려를 불식시킨 것이 노동안전보건 관리시스템(OSHMS: Occupational Safety and Health Management System)으로, 안전보건담당자에게는 고맙고 효과적인 도구이다.

재해가 발생하면 OSHMS를 가동하고 그중에서도 특히 리스크평가(Risk Assessment)를 반드시 실시하는 것이 좋다. 그런데 재해가 발생하고 난 뒤에야 비로소 대책을 세웠다면서 OSHMS를 구축하려 하면, 이미 뒤늦은 대응이 되어 기업의 가치도 떨어진다. 그러므로 기업은 리스크 관리의 일환으로서 OSHMS는 반드시 갖춰야하는 것이다. 안전보건담당자가 최고경영자나 관리자에게 이 점을 이해시키는 일은 매우 중요하다. 이를 시작으로 안전보건활동을 지속적으로 추진하는 데 필요한 기본적 시스템을 구축할 수 있기 때문이다.

요즘엔 재해가 감소하는 경향이 있다. 이로 인해 재해대책 실시경험이 없는 안전보건담당자가 증가하고, 지금까지의 재해를 통해뼈아프게 얻은 경험과 식견이 축적된 활동들이 풍화될까 우려되기도 한다. 이 때문에 안전보건활동의 기초가 사라져 재해가 반복되는 불상사가 있어서는 안 된다.

OSHMS는 (운용 방법에 따라 다르지만) 지금껏 축적해온 활동을어느 정도 담보하고 있어 안전보건담당자에게 매우 유효한 수단이다.

(2) 시스템만 갖추면 재해가 사라질까?

기업에서 시스템 구축이나 인증 취득을 목적으로 OSHMS를 구축하려는 경우가 있다. 일부 경영자들은 시스템을 갖추거나 인증을 취득하는 것으로 재해가 없어진다고 생각하기도 한다. 하지만 안전보건활동이 번잡스럽고 많은 서류 작업을 요구하거나 현장의 반감을 일으키는 등, 현장과 동떨어진 내용으로 진행된다면 아무 효과도 없다. 품질관리시스템 인증을 받은 회사가 커다란 품질 문제를 일으키는 경우가 있는 데서 알 수 있듯이 시스템이 만능은 아니다.

그런데 스포츠나 학문 분야에서도 기초를 확실히 다지지 않으면 성장할 수 없듯이, 안전보건활동의 기초가 되는 OSHMS는 기업에 꼭 필요한 시스템이다. 안전보건활동 자체가 기업활동의 근간이며 안전이 모든 것에 우선하기 때문이다. 다만 어디까지나 OSHMS는 안전보건활동의 기반이며〈도표 1〉, 중요한 것은 그 구축 과정이나 그 뒤의 활동이라는 점에 유의해야 한다.

현재 안전보건 분야는 사후 처리에서 사전 방지의 시대로 크게 선회하고 있다. 시스템 구축만으로 재해가 사라지지는 않지만, 시스템이 없으면 안전보건활동이 제각각 수준 편차가 커지고 안정적으로 향상될 수 없다. OSHMS를 구축할 때나 안전보건활동을 할 때에는 이와 같은 점을 주지해야 하는 것이다.

성과

외부 위협

업적

무재해

무사고

제초

활동·
리스크 평가

직원의 성장

인간존중

비료

교육
OJT 타이밍

안전·품질·환경

리스크 평가를 핵심으로 한

OSHMS

〈도표 1〉 안전보건활동의 토양이 되는 OSHMS

(3) 사람과 시간이 변해도 계승되는 구조를 만들어라

내가 처음 안전보건을 담당하게 되었을 당시에는 무엇을 토대로 안전보건활동을 하면 좋을지 가르쳐주는 '교과서'는 없었고, 주로 현장에 가서 배우고 익혀야 했다. 관련 법률에 규정된 안전보건활동은 있었지만 여러 기업에서 각각 추진하는 활동이나 그에 따른 방식·체제가 유기적으로 연결되지 않아, 당시에는 모든 것을 감으로 시작할 수밖에 없었다. 슬프고 고통스러운 재해를 경험하여 꿈

속에서조차 재해 방지에 나설 정도로 안전보건활동에 몰입했지만, 당시 재해 방지 방식이 사후 대응이어서인지 아무리 노력해도 성취감을 얻기는 힘들었다. 지금 활동이 체계화되고 OSHMS까지 구축할 수 있었던 것은 안전보건 분야가 이와 같은 반성을 활용하고 축적한 덕분이다.

요즈음 새로이 안전보건담당자의 길로 들어서는 사람들은 해야 할 일들이 확실히 정해져 있다는 것만으로도 행복한 것이다. 그러나 기존의 안전보건 분야 종사자들이, 이를테면 시스템의 '내면이나 배경'을 잘 이해하고 활동 내용을 전달하지 않으면 앞으로의 활동은 외형만 중시하는 실효성 없는 요식 절차가 되고 말 것이다. 그러므로 안전보건 관련 체제의 정신과 가치를 다음 세대로 계승하는 일도 안전보건담당자가 해야 할 중요한 역할이다.

(4) 회사의 상황에 맞는 시스템을 만들자

① OSHMS에 정해진 틀은 없다

안전보건활동의 기본이 되는 사고방식이나 추진 방법은 강연회 등에서 배울 수 있다. 그러나 그 활동을 추진할 각 회사마다 실태나 역사, 구성원이 다르다. 그러므로 안전보건활동의 취지를 살리면서 자기 회사의 풍토나 문화 등을 도입하여 조직과 상황에 맞는 시스템을 만들어나가야 한다.

② 직원 의식의 성장을 촉진하라

나는 지금까지 사회인, 기업인들을 대상으로 기본 행동, 상황 파악 등이 가능한 사고회로를 만드는 일을 반복해서 지도해왔다. 이런 사고 능력을 갖추는 것은 모든 일의 기본이 된다. 인간존중 정신을 바탕으로 직원이 행복하도록 하는 것도 기업이 존재하는 이유 중 하나다.

규정 준수보다 앞서는 것이 바로 인사와 같은 기본적인 예의다. 직원들 각자가 팀의 일원이라는 의식을 갖추어 '나와 동료가 부상을 당하지 않게 하자. 내가 성장하면 회사를 성장시킬 수 있다'라는 사고를 확실히 마음속에 뿌리내리게 해야 한다. 그렇지 못하면 효율적인 시스템 구축은 기대하기 어렵다.

③ 우선 활동을 하고 목표 재해를 공유화한다

제도를 명문화하기 전에 먼저 현실적인 안전보건활동을 추진해나가야 한다. 실천 없이는 성과도 없으므로 먼저 활동을 통한 체험을 쌓는 것이 중요하다. 그다음 어떤 재해를 제거 목표로 삼을 것인가를 공유화하고, 그 재해의 발생 가능성이 있는 작업, 장소, 사람 등을 대상으로 차례로 활동을 전개하도록 한다.

예를 들어, 정리·정돈·청소·청결의 4S[13] 드릴링머신 안전대책, 프레스 작업 안전대책, 포크리프트나 고가사다리차의 취급, 크레인 작업 안전대책, 고소 작업 안전확보 등에 관해 하나씩 '정상상태'를 정하고 모든 직원이 확인한다. 정상상태를 지킬 수 없는 것은 안전보건활동의 PDCA 사이클(Plan 계획-Do 실행-Check 확인-Action 조치)을 통해 개선하여 성취감을 맛볼 수 있도록 해야 한다. 한 번이라도 결과가 좋으면 성취감을 느끼고 그것이 다음 활동의 원동력이 되기 때문이다.

모든 문제를 망라하기 전에 현장이 겪는 어려움이나 무리한 상황 등을 알아내 (이것은 곧 리스크 평가라고도 할 수 있지만) 먼저 그 개선을 위한 활동에 들어가라고 권장하고 싶다. 그렇게 하면서 시간이 지나면 점의 활동이 선의 활동으로, 선의 활동이 면의 활동으로 확대되어간다.

④ 명문화하여 남긴다

OSHMS의 핵심 중 하나가 명문화이다. 명문화는 외형을 보기 좋게 만들기 위한 것이 아니라 활동의 실효성을 위한 것이다. 그래

---

13 정리와 정돈은 앞서 설명했듯이 각각 '세이리'와 '세이톤'이라고 하고, 청소(淸掃)는 '세이소우,' 청결(淸潔)은 '세이게쓰'로 읽는다. 모두 첫 발음이 S인 데서 비롯된 말이다. -옮긴이

야 비로소 의미가 있다.

대기업은 규정이나 표준을 담당하는 직원이 있지만 중소기업은 활용할 수 있는 시간에도 안전보건을 담당하는 인력에도 여유가 없다. 그러므로 관련 법률을 다시 읊는 수준이 아니라, 그 정신에 의거하여 자기 회사에 맞는 내용을 사용해야 한다.

우선 상위 업무 규정으로 안전보건관리 규정을 만든다. 여기서는 특히 최고경영자의 책임이나 솔선수범 사항 등 관리직의 역할을 구체화하는 것이 중요하다. 이 규정은 활동의 근거와 든든한 후원자가 된다. 그 하부 규정으로는 안전보건활동에 관한 세부 규정을 둔다. 가능하면 플로우챠트를 사용하거나 도식화해서 한 장에 나타낼 수 있도록 한다. 그래야 만들기 쉽고 사용하기도 쉬우며, 각 회사의 환경이나 특성에 맞는 특징 있는 규정이 된다. 또한 다른 감사요령이나 작업표준 제정요령, 리스크 평가 실시요령 등을 체계화하고 활동과 병행해서 정리하는 것이 좋다.

내가 소속했던 크레인 회사에서는 안전보건관리 규정을 필요한 최소한의 내용으로 정리하고자 했다. 그래서 대기업의 10분의 1이하 분량으로 선별하여 이해하기 쉽게 만들었다.

(5) 현장에서의 실천이 중요하다_진단력의 향상

중요한 안전보건활동 중 하나로 내부감사가 있다(내 개인적으로는 '진단'이라고 부르고 싶다).

내부감사가 시작되면 우선 기계 안전, 화학물질관리, 일상적인 직장활동 등 몇 개의 분야로 나누어 모든 사업소의 강점·약점을 파악하고 최고경영자와 공유한다. 그다음 최소 단위의 팀으로 진단을 실시하고, 결과를 정리하여 과나 부서 수준의 활동 평가로 이어지도록 한다. 감사자는 현지현물로 확인하고 현장의 본심을 알 수 있어야 한다. 그래야 현장에 회사 방침이 구체적으로 적용되어 있는지, 현장의 상황과 부장, 과장의 생각이 일치하는지 차이가 있는지 등을 자신감 있게 보고하고 제안할 수 있기 때문이다.

그러나 이 모든 과정이 지나치게 결과 지향적으로 흐르면 성과로 이어지기는커녕 오히려 반발을 불러 목적 달성이 좌절되고 만다. 그러므로 현 상황을 더 좋게 만들려는 자세, 인재 육성, 팀워크 향상은 오랫동안 꾸준한 안전보건활동이 이루어진 뒤에야 가능하다는 점을 기억해야 할 것이다. 최고경영자나 안전보건담당자를 위한 활동이 아니라, 현장 사람들이 납득하고 안심하고 실시할 수 있는 활동을 지원할 수 있어야 성과가 따른다.

도요타자동차의 현장진단은 OSHMS 지침이 나오기 전에 시작되었다. 어떤 임원이 내게 "당신의 경험을 통해 재해가 발생하는 현장을 예측할 수는 없습니까?"라는 질문을 했던 것이 일의 시작이었다.

그 과정은 이렇게 이루어졌다. 먼저 예전부터 재해대책으로 계속 실시해온 활동을 기준으로 하여, 미연에 방지할 일이나 상황 목록을 정리해 평가표를 작성한다. 그리고 이를 바탕으로 반복해서 진단을 실시한다. 안전보건담당자가 현장에서 지속적으로 현지현물로 현상을 파악하고 의견을 수렴하여 활동 상황에 대해 점수를 매기는 것이다. 그리고 시행 실적을 통해 진단 결과를 도출하는 계산식을 만드는 등 정확한 방법을 세우고 현장을 평가한다. 이제 이 결과를 재해 발생 횟수와 조합함으로써 재해 발생의 가능성을 알 수 있다.

그다음에는 현장진단 데이터를 토대로 부장과 간담회를 갖는다. 부장이 지향하는 방향과 진단 결과가 일치하면 그대로 두고, 일치하지 않는 항목이 있다면 향후 어떻게 해결해나갈지 의논한다. 그리고 1년 뒤 재진단을 통해 그 경향을 살펴본다. 좋은 방향으로 움직이고 있으면 괜찮지만, 문제가 있을 때에는 재해가 발생하기 쉬운 작업장으로 보고 안전보건활동을 수정, 강화한다.

내가 이런 일을 감사나 심사가 아닌 '진단'이라고 부르는 이유는, 이 과정이 서로 지혜를 모아 좋은 처방전을 이끌어내는 수단임을 의미하기 위해서다. 당시 진단 후에, 재해가 일어날 조짐이 많이 보인다고 지적했지만 그 말을 경시한 부서에서는 실제로 재해가 여러 번 발생하기도 했다.

한편 내부감사 또는 진단을 실시하는 사람은 감사활동의 올바른 모습을 그릴 줄 알아야 하고, 관찰력과 상대의 속마음을 이끌어내는 경청력도 갖추어야 한다. 이러한 경험과 능력이 없다면 활동하면서 큰 어려움을 겪을 수 있다. 또 직원들의 성격, 행동직 특징, 직장 단위의 작업 내용, 활동 경위 등 내부 사정에 대해 잘 아는 것도 중요하다. 상황을 파악한 다음 진단을 진행해야 충분한 프로세스 평가나 과제 정리가 가능하고 현장으로부터 신뢰를 얻을 수 있기 때문이다.

그러므로 감사활동을 전력을 다해 효과적으로 수행하려면 진단 팀 전원이 연수를 받는 것이 좋다. 특히 내부감사의 리더는 안전보건에 대한 강한 신념과 사람을 활용하여 인재를 육성한다는 굳건한 사명감을 절대적인 조건으로 갖춰야 한다.

내부감사가 성과로 이어지기까지는 최저 3년에서 5년은 걸린다. 기업활동의 기반 확립은 틈틈이 여가시간을 활용해서 할 수 있는 간단한 일이 아니다. 그 때문에 이에 중요한 역할을 하는 안전보건 담당자는 단기적인 직무 이동 대상에서 제외하여 장기적으로 전문가로 육성하고 처우도 확실하게 해주어야 한다. 안전보건 분야의 업무는 금방 누구나 할 수 있는 일이 아니며 깊이 있는 이해와 지식, 축적된 경험이 필요한 것이다. OSHMS 구축을 통해 전문가적인 인재를 육성할 수 있다면, 이에 따라 기업 체질도 강화될 것이다.

(6) 먼저 환경을 만들고 나서 사람과 풍토를 만들어라

제2장에서도 설명했지만 안전보건활동은 '결국엔 사람이 중요하다'는 결론으로 귀결된다. 그러나 모든 일에는 순서가 있다. 먼저 설비나 직장 환경이 정리되어야 사람의 의식이 변화한다. 그리고 그 이후에야 관리자가 바뀌어도 안전보건활동의 지속성이 유지되어 비로소 안전한 기업문화가 형성된다. 이것은 앞서 설명한 현장진단 결과에서 입증되고 있다. 그러므로 OSHMS가 지향해야 할 역할은 현장에 토대를 둔 활동, 현장이 납득할 수 있는 활동을 대상 항목으로서 평가하고, 직장의 변화를 좇아 끊임없이 진단하는 것이다.

즉, 사람의 실수로 사고가 일어난다는 사실을 전제로 기계를 안전화하기 위해서는 환경을 정돈해야 한다. 또 본질적인 리스크를 평가하는 일, 위험을 예지하는 감각을 높이는 일, 그리고 위험을 관리하는 일이 중요하다. 지금까지 중점을 사람에 두고 해왔던 활동에 대한 반성을 통해, 나는 이 세 가지를 균형 있게 추진해야 한다고 강하게 주장할 수 있게 되었다.

2. 재해의 극복과 활용 방법

(1) 현장은 변화점의 연속이다

안전보건활동은 재해 발생률을 '제로'로 만들겠다는 강한 신념으로 해나가야 한다. 이것은 현실적으로는 '사람은 실수를 하고 기계는 고장이 난다,' '절대적인 안전은 없다'는 전제하에 하루하루 노력과 결실을 쌓아가는 일이다. 이는 재해가 일어나는 건 사람이 어찌할 수 없는 일이라는 얘기가 아니다. 현장에서는 '재해 제로'를 추구하고 매일 끊임없이 개선활동을 펴나가도 재해를 완전히 막기란 거의 불가능하다는 뜻이다.

대부분의 경우 재해는 불안전한 상태와 불안전한 행동이 겹쳐서 발생한다〈도표 2〉. 발생 요인을 제거하는 관리가 가능하면 이론적으로는 재해가 일어나지 않는다. 그러나 현장은 살아 움직이는 생물과 같아서 극단적으로 말하면 변화점의 연속이다. 따라서 아무것

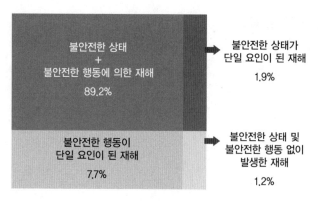

〈도표 2〉 재해 요인이 된 불안전 행동과 불안전 상태의 비율

※ 노동재해 원인 요소 분석(2007년 후생노동성)을 참고하여 작성된 표이다(제조업, 휴일 4일 이상).

도 하지 않아도 재해가 없는 경우도 있고, 열심히 재해 예방을 해도 불상사가 생기기도 한다.

중요한 것은 과제를 끝까지 확인하는 자세와 개선 과정에서 하루 하루 꾸준히 안전활동을 하고 있는지의 여부이다. 나는 리스크 평가는 '확률'의 축적이라고 생각하지만, 재해 발생률 제로 퍼센트가 안전활동의 결과인지 반문해보는 일도 필요하다.

(2) 재해 발생 가능성을 파악하는 감각을 익혀라

_가능한 대책부터 실행하기

대규모 재해 발생 전에는 다섯 가지 징후가 나타난다고 한다. 이것은 스위스치즈 모델[14]의 원리와 거의 같다고 볼 수 있다.

재해 발생 후에 원인 분석을 하면 '어느 날 설비의 상태가 바뀌어 있었다,' '직원의 행동이 평소와 달랐다,' '불갈퀴 막대(끝이 굽어진 L자형 공구 봉)나 배척(쇠 지렛대) 등 처치용 공구의 사용이 증가하고 있었다,' '작업장 숙지 사항들이 확실하게 전달되지 않았다' 등 열 개에서 스무 개에 이르는 요인들이 나타난다. 그러나 사고로 이어지는 중요한 요인은 많아야 다섯 개 정도로, 그것들을 어떻게든 놓치지 않고 파악하는 일이 중요하다. 바꾸어 말하면, 모든 배경 요인에 동일한 수준으로 대응하기보다는 중요한 요인에 초점을 맞춰 대책을 강구하는 편이 재발 방지에도 효과적이라는 얘기다.

재해가 발생하면 '왜 진작 손을 쓸 수 없었나,' '왜 사전에 사고 위험을 인지하지 못했을까!'라는 후회와 반성으로 관계자는 마음이 무척 무거워진다. 그러나 그것은 사후 약방문이다. 또한 현장에서는 위험 요소를 인식하고 있어도 대책을 마련하는 행동으로 옮기지

---

14 스위스치즈 모델(Swiss Cheese Model)은 사고 발생에 관한 이론이다. 이 이론에서는 설비대책이나 관리적 대책 등 몇 개의 방호벽에는 치즈 구멍과 같은 홈이 있는데 이 중 모든 홈이 겹치면 재해가 발생한다고 설명한다.

않는 경우도 많다. 바쁜 일정이나 동료에 대한 조심스러움, 좋지 않은 습관 등으로 '이 정도는 괜찮겠지……'라고 생각하고 마는 것이다. 그러나 대책에는 본질적인 것에서 가벼운 것까지 다섯 단계가 있으며, 그중에는 시간이나 비용을 그렇게 많이 들이지 않고도 시행할 수 있는 단계가 있다. 견고한 대책을 세우는 것이 가장 이상적이지만, 그 시점에서 가능한 대책부터 실행하는 게 좋다.

그렇기 때문에 나는 스위스치즈 모델〈도표 3〉에 집착하지 않고 현장의 실상에 따라 "이상하게 마음에 남는 것은 그냥 넘기지 마라. 문제가 있으면 바로 대응해라"라고 말하고 있다. 해결 가능한 문제부

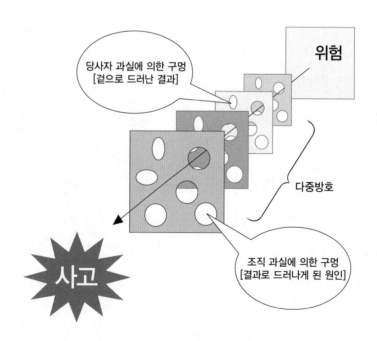

〈도표 3〉 스위스치즈 모델

터 처리해나가는 일이 얼마나 중요한지 일깨워주는 것이다.

그러나 한편, 어떤 현상이 중대한 재해로 이어지는 징후인지 아닌지 판단하는 데는 어려움이 있다. 깨진 유리창 이론[15]은 중요하다고 생각한다. 그러나 모든 것을 징후로 의심하여 사소한 문제를 자주 지적하면 현장 사람들의 반감을 산다. 그러므로 과거의 재해 사례에서 교훈을 얻고 정상상태는 어떠해야 하는가 논의하면서, 평소와의 차이점이나 그것이 중대한 재해로 이어질 가능성을 발견하는 감각을 몸으로 익히는 것이 중요하다.

현장의 사람들은 누구나 '평소와 다른 점'을 알아채는 감각을 가지고 있다. 관리자, 감독자, 안전보건담당자도 다르지 않다고 생각한다. 평소의 상태, 즉 정상상태를 항상 생각하며 머릿속에 그린다면 현장을 보는 것만으로 차이를 알 수 있게 될 것이다.

---

15 깨진 유리창 이론(Broken Window Theory)은 깨진 유리창이 방치된 건물은 주인이 신경 쓰지 않는다고 여겨져서 금방 다른 유리창들도 깨지듯이, 작은 일을 방치하면 곧 큰일로 확산된다는 가설이다. 이 이론은 작은 일에도 바로 대응하는 것이 중요하다고 설명한다.

(3) 실패를 활용하면 교훈이 된다

_100퍼센트 재발하는 재해를 딛고 성장하기

현재 발생하는 재해는 거의 100퍼센트가 재발한다고 생각해도 좋다. 이런 현상은 타인의 아픔을 자신의 아픔으로 생각하지 못하고 과거에서 배우지 못하는 데서 비롯된 결과이기도 하다. 같은 실수를 되풀이하는 것은 인간의 약점이며 영원한 과제라고도 할 수 있다. 하지만 반복되는 과거의 재해를 '활용'하려는 노력을 끊임없이 기울이는 것이야말로 재해 박멸로 향하는 지름길이다.

실패는 그 자체로서는 혹독한 것이지만 잘 활용하면 교훈이 된다. 그러므로 같은 실패를 거듭하지 않기 위한 활동을 해야 한다. 리스크 평가는 앞으로의 활동에 있어 기둥이 되므로, 평가를 할 때에는 과거의 재해만 볼 것이 아니라 작업 담당자별 리스크를 철저히 밝혀내야 한다. 그러나 그때에도 과거의 재해가 어떤 환경이나 원인에서 발생했는지 파악하고, 관계자와 인식을 공유하는 데 유의해야 한다.

모든 사건, 사고를 다 기억할 수는 없지만 내 머릿속에는 몇백, 몇천의 재해 사례가 들어있다. 현장에서 작업과 설비를 보면 그와 관련된 과거의 사례를 떠올릴 수 있다. 재해가 감소하여 일상에서 체험할 수 없게 된 현재야말로 과거를 교훈 삼아 배우고 활용해야 한다. 사실 누구라도 회사 내에서 발생한 재해를 그냥 가슴 아픈 일로 넘겨버리기보다는 미래를 위해 효과적으로 이용하고자 할 것이다.

재해가 일어나면 관리자가 "대체 뭘 하고 있었습니까?" "왜 그런 작업을 한 겁니까!"라며 사고를 일으킨 당사자를 추궁하는 모습을 자주 보았다. 관리자의 당혹스러운 기분은 충분히 이해하지만, 정작 자신은 재해가 일어나기 전에 무슨 지도를 했는지 반문해야 한다. 가장 크게 당황스럽고 고통스러운 사람은 재해를 일으킨 장본인이다. 재해 당사자가 '내가 큰 피해를 끼치는 사고를 일으켰구나!' 하는 자책감과 죄책감에 매몰되면 진정한 재해 원인을 찾기 어렵다. 그러므로 관리자는 그를 잘 다독이고 지도하여 현장에 도사린 또 다른 위험을 찾아내야 하는 것이다. 이것이 바로 재해의 활용이며 안전보건담당자에게 요구되는 역량 중 하나이다.

또한 실패를 활용하려면 재해 분석은 당연히 필요하다. 이때, 이를테면 '틈새에 끼임' 등과 같이 사고 결과를 기준으로 유형을 분류하면, 원인이 되는 물건이 포크리프트인지 책상과 의자인지에 따라 전혀 다른 피해 양상이 나타난다. 따라서 재해의 활용을 위해서는 원인별로 분류해야 대책을 구체화할 수 있어 더 효과적이다.

(4) 반 발 앞서 서있다가 한발 앞서 움직여라

보통 사람들은 재해가 발생하면 곧바로 대책을 마련하곤 한다. 하지만 왜 재해가 일어나기 전에 예방이나 대응은 하지 않았던 것일까? 그 반성부터 하지 않으면 사후에 만드는 대책은 보고서를 위한 것, 즉 형식적이며 실효를 기대할 수 없는 것에 그치고 말 것이다. 재해가 일어나고 난 뒤에 뒤늦게 반성하는 것은 정말로 안타까운 일이다. 안전보건담당자도 "사전에 현장을 어느 정도 대비시켰던가?"라고 자신을 돌아보고 반성해야 한다.

전에 현장의 지인들로부터 '안전보건은 사후 약방문'이라는 말을 들었다고 제1장에서 언급했을 것이다. 안전보건담당자로서 활동하기 시작한 지 얼마 안 돼서 들었던 그 말은 그 뒤 나의 활동에 크게 영향을 주었다. 안전보건담당자는 늘 재해가 발생하기 전에 자기 활동을 확인해야 한다. 즉 자신이 반 발 앞선 곳에서 한발 앞서 활동하고 있는가, 자신의 의견이 현장에 잘 전달되고 있는가 되짚어보아야 하는 것이다. 이 과정이 반복되고 축적되어야 사후 약방문과 같은 소리를 듣지 않는다. 또 현장도 '이 사람이 말하는 것은 귀담아듣는 게 좋겠구나'라고 생각하게 되어 신뢰 관계가 구축된다. 바쁜 현장에 이런저런 시정·요구 사항을 전달하기란 매우 어렵다. 하지만 '동료들을 부상당하게 하고 싶지 않다. 상사에게 아픔을 주고 싶지 않다'라고 생각하는 인간존중의 열정을 가지고 있다면 할 수 있을 것이다.

그렇다고 하나부터 열까지 무엇이든 말해야 한다는 것은 아니다. 어떤 문제가 보이면 먼저 그것이 커다란 재해로 이어지는 징후인지 아닌지 판단해야 한다. 그다음 상황과 입장을 고려하면서도 타이밍을 놓치지 않고 적시에 대책을 추진하는 것이다. 나는 이렇게 활동하여 현장과 신뢰 관계를 구축해왔다. 반 발 앞서 있다가 한발 앞서 움직이는 안전보건활동이란 바로 이런 것이다.

3무(무리, 무라:불균형, 무다:낭비)는 재해 방지를 할 때 주의를 기울여야 할 요소이다. 한 대선배는 "사무직, 기술직에 상관없이 누구나 '이거 너무 무리인 거 같은데?' '요새 뭔가 이상해'라고 느낄 수 있다. 그런데 그런 생각을 드러내는 사람은 많지 않지"라고 말했다. 이는 곧 작업자가 침묵하는 작업장에는 위험이 잠재한다는 뜻이다. 또 그는 "현장에 갈 때는 가설을 가지고 가라"라고 가르쳐주기도 했다. 가설이 현장 상황과 차이가 있으면 거기서부터 작업자와의 커뮤니케이션도 시작된다. 요컨대 현장에 가면 문제도 답도 보인다. 이것이 바로 현지현물에서 일하는 방식이다.

(5) 의식을 개혁하자_내용을 중요시하는 활동하기

도요타자동차에서는 안전보건활동의 방향을 결과 중시에서 내용 중시로 전환했다. 즉 활동의 목표를 휴업재해[16]의 감소 이상으로 설정한 것이다. 이런 회사가 전에도 없었던 것은 아닌데, 사실 '아차 사고("아차!" 하는 순간에 일어나는 사고를 말한다)'나 사망재해나 똑같은 원인 때문에 생길 때가 있다. 그런데도 경미한 피해를 남기는 미상재해(微傷災害)는 아예 전체 통계와는 별도로 관리하는 경우도 있을 것이다. 이때에는 결과만으로 재해를 분류하여 내용의 중요성을 간과하게 될 우려가 있다. 그러므로 가벼운 피해로 끝났다고 하더라도 그 재해를 유발한 원인을 알아낼 필요가 있는 것이다. 더구나 미상재해는 피해 정도가 낮기 때문에 원인 규명이 비교적 쉽다는 이점도 있다.

아차 사고나 미상재해까지 없애려면, 진정한 재해 원인 파악과 철저한 대책 실행이 동반되는 내용 중시의 안전보건활동을 해야 한다. 그러면 현장은 무력감이 감소하고 자신들을 위한다고 생각하게 된다. 일을 추진하는 방법의 관점을 바꾸면 성과가 좋아지는 법이다.

---

16 근로자가 재해로 인한 부상, 질병으로 사고 다음 날부터 휴업하는 산업재해를 말한다. 우리나라에서는 휴업재해가 발생하면 산업안전보건법에 의해 의무적으로 재해 보고서를 제출해야 한다. -옮긴이

(6) 대책은 심각하게 검토하고 구체적으로 세우자

_사고자 비난은 개선에 무용지물

원인 규명 방법으로 '와이 5(WHY 5)'[17]가 있다. 사람·물건·관리라는 세 가지 요소를 하나씩 파헤쳐 원인을 찾아나가는 방법이다. 내 경험으로는 세 번까지는 가능하지만 네 번째 이후부터는 좀처럼 진행되지 않는다. 선배들의 가르침에 의하면, 이 방법 자체가 섣불리, 가령 두세 번 생각하고 답을 찾았다고 결론 내리지 말고 머릿속을 정리하고 한 번 더 고민하라는 뜻이다. 그렇게 할 수 있다면 재해로 이어지는 공통적인 과제가 보일 것이다. 그러면 이런 과제의 해결을 위한 대책을 작업 프로세스의 상류에서 작동하게 함으로써 진정한 원인을 제거할 수 있다. 안전보건활동을 더 깊게 더 구체화하여 실행하는 것이다.

진정한 원인은 조직적인 성격의 특징으로 나타날 때가 많고 그 회사 자체의 노력만으로는 해결되지 않을 때도 있다. 이 경우 '특별 관리 현장'으로 지정하고 특별한 활동을 실시하는 것도 대책 중 하나이다. 제거하고자 하는 재해(중대재해로 이어지는 재해, 특정재해 등)와 빈도(예를 들어 월 2건 이상 발생 등)를 설정하고 해당 재해가 일

---

17 재해 요인과 관련한 요소, 즉 사람·물건·관리 요소마다 다섯 번씩 짚어보며 사고의 근본 원인을 찾는 방식이다.

어날 때에는 즉시 대응할 수 있도록 규정을 만들어두는 일도 중요하다. 이때 규정은 회사, 현장 규모로 설정하도록 한다.

관계 회사에서 재해가 발생할 때 취할 조치를 미리 마련해두는 일도 의의가 있다. 그 회사의 규모가 거의 재해가 일어나지 않을 것 같다고 할지라도, 재해에 대한 경각심과 경계심을 심어주고 만약 재해를 일으키면 특별한 활동을 해야만 한다는 좋은 의도의 심리적 중압감을 주는 일도 중요하다.

그런데 사실 재해대책에 그저 이 내용 저 내용을 여러 항목으로 늘어놓는 경우가 많다. 또 재해가 사고를 유발한 사람만의 과실이라는 생각에서, 교육을 실시하고 철저한 규정 준수를 지도하는 등 당사자에 대한 조치를 중심으로 대책을 마련하기도 한다. 그러나 제대로 된 재해대책을 세우려면 지금까지의 재해 방지활동에서 부족했던 점, 중점을 두고 해나갈 일(특히 관리자의 활동), 그리고 적절한 대상의 선별과 그에 대한 집중적 활동 실시 여부를 규명해야 한다. 그리고 이런 것들을 대책의 중심 내용으로 삼아야 하는 것이다.

언젠가 실제로 핵심은 없고 이런저런 내용을 열거한 데 그친 대책서가 나온 적이 있었다. 부장은 이 대책서에 대해 열심히 설명했지만, 의견을 물었을 때 현장의 감독자들은 아무도 반응을 보이지 않은 채 시선을 피했다. 감사사무국 소속이던 나는 현장감독자가 폼만 잡는 대책으로는 재해가 없어지지 않는다고 주장했다. 그 대책서가 현장의 눈이 아닌 관리자의 입장에서만 작성되었음을 알았기 때문이다. 그때부터 나는 그 부장과 현장을 걷고, 현장의 목소리를 듣고, 마음에서 우러나오는 재해 예방활동이란 무엇인가 함께 연구했다. 석 달 뒤 보고회에서 부장은 스스로 반성하며 그동안 얻은 교훈에 대해 이야기했고, 감독자들은 당초와는 달리 적극적인 발언을 이어갔다. 그리고 부장이 현장의 시선에서 문제의 진실을 받아들이고 환경 만들기와 그 방향성을 구체적으로 제시하자 현장이 움직이기 시작했다. 그 후 이 부장의 현장에서는 재해가 일어나지 않았다.

결국, 안전보건담당자가 지도 방침을 확실하게 하고 현장 사후 관리를 해야 하는 것이다.

(7) 재해를 활용하는 선두에 서서 움직여라

회사 전체적으로 서로의 장점을 배우고 그것을 더 발전시키는 일을 횡전개 또는 수평전개[18]라고 한다. 최근에는 IT의 발달로 재해 정보가 빠르게 전달된다. 이런 변화는 횡전개에서 얻은 재해 예방법을

---

18 횡전개 또는 수평전개는 요코텐(Yokoten)이라고도 하는데, 도요타자동차의 개선(Kaizen) 원칙으로 알려져 있다.

자사에 반영하는 좋은 기회가 되기도 한다. 하지만 우선은 재해 예방 대상 항목을 결정하고 나서 그 뒤에 신속하게 실시해야 한다.

또한 다른 기업들의 불상사나 사고 등도 반면교사를 삼아 자사에 적용하고 활용하면 효과적이다. 이때에도 안전보건담당자가 과거의 재해를 얼마나 연구하고 있었는지에 따라 설득력이 달라진다. 즉 안전보건담당자가 재해 지식이 풍부해야 최고경영자나 간부 등 보고를 받는 사람도 이해가 깊어진다는 얘기다. 그리고 그 후에야 대책 제안도 가능한 것이다.

재해 발생률 '제로'는 커다란 목표다. 하지만 그 목표는 추구 과정에서 안전보건활동에 대한 마음가짐과 사고방식을 어떻게 현장에 끊임없이 역설하느냐에 따라 달성될 수도 있다. 안전보건담당자들은 자신에게 기대되는 활동의 깊이를 인식해주기 바란다.

(8) 재해를 활용한 사례를 보자

① 중점재해를 설정하다

도요타자동차에서 전사총괄 안전보건부서로 이동하고 난 뒤, 나는 휴업재해가 발생할 때마다 현장으로 가서 쫓기듯 조사를 하고 대책회의를 했다. 그리고 매번 이전과 거의 같은 요인으로 일어난 재해와 역시 전과 비슷한 대책을 보면서 '왜 전에 일어났던 새해에 대한 반성이 대책에 반영되지 않는 걸까?'라는 의문을 갖게 되었다. 그래서 이렇게 사후에야 처리하는 대책에서 본질적으로 탈피해야 한다고 강하게 마음먹었다.

당시 큰 문제점은 안전보건활동의 중심이 결과에 있다는 사실이었다. 기계에 끼이는 사고가 일어나도 보행 중 넘어지는 사고가 일어나도, 그 결과가 휴업재해가 되면 사고 원인과 과정을 불문하고 회사 전체적으로 안전보건활동을 폈다. 하지만 그만큼 심각한 결과가 아닌 경우에는 별다른 후속 조치가 없었다. 그래서 회사에서는 휴업재해를 집중적으로 관리했다. 하지만 결과적으로 현장은 이런 편중된 관리를 납득할 수 없어 무력감에 빠지거나 수동적으로 활동하게 되었다.

그래서 나는 안전보건활동을 내용 중시로 전환하기 위해 과거 20년 동안 자동차 관련 제조업계에서 일어난 재해를 분석했다. 그

다음 중대한 결과로 이어질 수 있는 요소를 가진 재해를 6개 항목 70개 유형으로 분류하고 '중점재해'라고 이름 붙였다〈표 4〉. 그리고 이 유형들 안에 드는 사고가 일어나면, 이를 테면 휴업은 하지 않고 하루만 병원에 가는 정도의 피해를 입었어도, 재해의 내용을 중시하여 회사 전체가 안전보건활동을 펴도록 했다.

분류	항목	유형
A	기계에 끼여 말려들어가는 재해	15
B	중량물에 의안 접촉 등의 재해	15
C	차량과의 접촉 등의 재해	12
D	추락에 의안 재해	10
E	감전에 의안 재해	8
F	고열을 발산하는 물질과의 접촉 등에 의한 재해	10

〈표 4〉 중점재해 6항목 70유형

② STOP 6로 중점재해를 막다

도요타자동차는 '중점재해 사전 방지활동' 추진을 회사 방침으로 선언하고, 그 구체적 시책을 현장에서 친근하게 받아들일 수 있도록 STOP 6(Safety Toyota 0 Accident Project 6 : 안전한 도요타를 위한 사고 0건 프로젝트 6)라고 이름 붙였다. 전부터 사내 공장에서 중재해 예방 또는 중재해 6항목 예방 활동을 펴고 있기도 했기 때문에, 그 지혜를 도입하여 회사 전체에서 활동을 폈다. 또한 교통

6악[19]과 마찬가지로 '사전 방지'의 원칙을 강조했다. 사전 방지 원칙은 생산관리 등의 분야에는 이미 전부터 도입되어 있었지만, 안전보건대책에서 본격적으로 활용되기 시작한 것은 이때부터다.

먼저 각 현장은 6개 항목 70개 유형 중 자기 작업장에서 유의해야 할 재해 유형을 선정했다. 그리고 사례를 토대로 위험 작업을 파악하고 재해 정도나 작업 빈도, 인력에 의존하는 정도, 대책 마련의 용이성, 비용 등의 요소를 기준으로 계층별로 정리했다. 이는 우선순위를 정하기 위한 분류인데, 여기서도 중점재해를 필두로 하나씩 대책을 세우도록 했다.

특히 현장이 인식하지 못하고 있는 정보도 관리감독자가 현지현물로 확인할 수 있는 활동을 하고, 상사와 부하가 문제를 공유화하여 대책을 마련하도록 했다. 대책을 실시하는 관리감독자는 현장에 지시를 할 뿐만 아니라 스스로 먼저 주제를 가지고 재해 예방활동을 하도록 했는데, 이 점도 STOP 6 추진 시 요점 사항이 되었다. 결국 솔선수범이 중요한 예방활동인 것이다.

③ 중점재해 사전 방지활동이 성과를 내다

중점재해 사전 방지활동을 시작하던 당시, 중점재해 발생 건수는

---

19 여러 가지로 규정되기도 하지만 보통 무면허 운전, 음주 운전, 과속 운전, 신호 위반, 일시정지 무시, 횡단보도 보행자 방해 등의 위반이 이에 속한다.

전 재해의 약 30퍼센트였다. 활동 초기 외부 사람들로부터 다른 재해를 경시하고 있다는 비판도 들었지만 결코 그런 것은 아니었다. 현실적으로 현장에서 이 활동 저 활동을 다 할 수는 없고, 작은 일을 할 수 없는 상황에서는 큰일도 이룰 수 없다. 그러므로 중점재해의 사전 방지를 지향하는 활동은 반드시 좋은 결과로 이어질 수밖에 없다고 나는 생각했다.

중점재해 사전 방지활동을 시작한 지 3년이 지났을 때 예상보다 일찍 성과가 나왔다. 활동 전 5년간의 평균에 비해 모든 재해 발생률이 약 50퍼센트 가까이 떨어진 것이다〈도표 4〉. 중점재해뿐만이 아니라 목표로 하지 않았던 다른 재해, 예를 들어 절단 사고, 넘어지

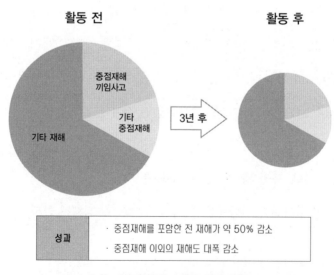

〈도표 4〉 중점재해 사전 방지활동의 성과

거나 미끄러지는 사고 등도 크게 감소했다. 한 사람 한 사람의 감성이 향상된 결과였다. 직원이 7만 명이나 되는 대규모 기업에서 이 정도로 빨리 효과가 나타날 것이라고는 생각하지 못했기 때문에 기획한 우리가 가장 많이 놀랐다.

다만, 전체 재해에서 중점재해가 차지하는 비율은 크게 변하지 않았고, 끼임재해도 감소는 했지만 중점재해에서 차지하는 비율은 약 60퍼센트로 바뀌지 않았다.

3년 동안 우리는, 작은 재해나 아차 사고가 일어나도 그것을 '누구도 반대하지 않고 반대할 수 없는 주제'로 삼아 '자칫 잘못하면 죽을 수도 있는 중점재해' 제거를 목표로 하여 진지하게 활동했다. 좋은 성과를 낼 수 있었던 것은 이 덕분이었다. 또 최고경영자부터 현장 제일선까지 한 방향으로 나아가며 안전을 소집단활동의 주제로 활용했던 점, 안전보건담당자의 설득력과 활동 용이성을 높였던 점도 성과의 요인이라 할 수 있을 것이다.

게다가 설비의 본질안전화[20]나 교육활동, 그 외 각종 활동들을 함께 실시한 데서 종합적인 효과가 나타나기도 했다. 중점재해 사전 방지활동은 이제 시작한 지 20년 정도가 지났다. 지금은 더욱더 많

---

20 인간은 실수를 한다는 사실을 전제하고 인간이 잘못된 동작이나 실수를 해도 사고나 재해가 일어나지 않도록 하는 것을 말한다. 최근에는 기계 설비 이상의 방지를 위해 안전설계를 하고 안전기능을 내장하며, 오조작 방지를 위해 풀프루프(fool proof) 기능을 장착하는 추세이다. 본질안전화는 기계 설비나 부품의 파손·고장에도 안전하게 작동하도록 페일세이프 구조(fail-safe structure: 고장 시 안전확보 구조)로 설계한다. 무카이도노 마사오(向殿 政男), '본질안전이라는 개념에 대해서(本質安全という概念について),' 〈품질 品質〉(2012), 제42권 3호, pp.291-2 –옮긴이

은 성과를 거두고 있음에도 재해 '제로'에는 미치지 못하고 있다. 그러나 중점재해를 미연에 막는다는 그 사고방식은 지금까지도 재해 예방활동의 기둥으로서 활동의 내용을 심화시키며 전개되고 있다.

3. 리스크 평가

(1) 리스크 평가는 안전보건활동의 핵심이다

과거 안전보건담당자들은 재해를 방지하려고 노력하면서도 사후 처리라는 한계에서 좀처럼 벗어나지 못했다. 나는 이러한 현실에 고민이 많았다. 그러나 2006년, 일본의 산업안전보건법이 개정되어 제28조 2항에 리스크 평가의 실시가 노력 의무화되자, 활동의 방향이 사후 처리에서 사전 방지로 전환되었다.

또 '절대 안전'은 존재하지 않고 리스크는 반드시 잔존한다는 쪽으로 생각도 크게 바뀌었다. 재해는 '제로'가 되어야 하고 반드시 '제로'가 가능하다는 생각을 가지고 활동해야 하지만, 사실 현장에는 다양한 조건에 따른 여러 가지 위험 요소가 잠재한다. 우리는 이런 현실을 정확하게 직시하고 리스크를 하나씩 제거하기 위해 끊임없이 노력해야 하는 것이다.

사망재해는 동일본대지진의 영향으로 2011년 대폭 증가했지만, 장기적 관점에서 보면 전체적으로 감소 경향에 있다. 그 요인 중 하나가 리스크 평가라고 생각한다. 사실 말만 앞서고 마땅히 시행되어야 할 활동이 제대로 안 되고 있는 경우도 많다. 그래서 일부에서는 "경기 하락이 우연찮게 재해 감소로 이어졌다"라고 평하기도 한다. 그러나 나는 재해의 감소는 리스크 평가활동의 성과라고 강력하게 주장하고 싶다.

왜 일본에는 '리스크'의 의미를 그대로 전달해줄 단어가 없는 것일까? 유럽과 같은 대륙은 여러 나라의 국경이 서로 접해있어서 사람이나 설비가 각국을 이동한다는 필연성이 있고, 여기에서 리스크라는 단어가 만들어져 전해지게 되었다. 하지만 바다에 둘러싸인 일본의 문화·풍토에서는 지금까지 그런 필연성이 없었다. 리스크에 딱 들어맞는 대응어가 없는 것은 이 때문이라고 생각한다.

법 개정으로 현장에서 리스크라는 말이 사용되게 되었다. 좋은 일이지만 그 의미의 폭, 넓이와 깊이는 사용하는 사람과 듣는 사람에 따라 달리 해석된다. 리스크 평가는 안전보건담당자에게 더 좋은 직장 환경을 만들기 위한 유용한 도구이며, 현장의 수용력을 현재보다 더 높여야 할 활동으로서 중요한 사명이다. 또 서로 다른 조건하에 있는 각각의 현장에서는 이상적인 상태를 확실하게 규정하고 먼저 기본부터 시작하여 그 현장에 맞는 방법을 찾아나가야 한다.

리스크 평가가 향후 안전보건활동의 기둥이자 효과적인 수단이라는 것은 틀림없는 사실이다. 그러므로 여러 산업현장과 작업장의 안전을 지키는 데 더욱 적극적으로 활용되어야 할 것이다.

(2) 안전보건활동, 과거와 무엇이 달라졌나?

리스크 평가 이전에도 기계 설비나 원재료, 작업 행동 등에 관한 위험성, 유해성을 조사하고 사전에 제거하는 활동은 있었다. 이런 이전의 활동과 리스크 평가의 가장 큰 차이점은 수치화와 문서화일 것이다. 리스크 평가가 세상에 나오기 전에는 경험이나 감각에 의존했지만, 이제 가능성(빈도·확률)과 재해의 정도(중대성)를 평가하여 수치화하고 우선시할 사항을 계층별로 명확히 하는 것이다.

그렇게 하기 위해서는 모든 위험성·유해성에 대한 사항을 망라하여 철저히 밝혀낼 필요가 있다. 그다음 '제로'에 대한 확신을 축적하는 것이다. 하지만 말은 쉽고 행동으로 옮기는 일은 어렵다. 그러므로 위험성·유해성, 수치화, 문서화, 가능성(빈도·확률), 재해의 정도(중대성), 우선해야 할 일을 계층별로 명확하게 하나씩 구체화하는 것이 좋다.

(3) 환경 만들기가 가장 기본이다

① 시간을 정하고 모임을 만들자

리스크 평가의 실시에는 최고경영자의 영단이나 지도력이 필요하다. 위험성, 유해성 등의 모든 사항을 망라하는 작업은 한 번은 관계자들이 한곳에 모여서 의논해야 하는 일이다. 이것이 중도에 중단되면 활동이 본질적인 대책 수립으로 이어지지 않고 보여주기 식으로 끝나버릴 수도 있다. 안전보건활동은 업무와 일체화되어야 한다. 그러므로 그 일을 잘 아는 사람들의 영지를 모으기 위해 모임을 만드는 일은 반드시 필요하다. 한번 이런 모임을 가진 후에는 각각의 부서에서 지속적으로 활동을 전개하고, 새로운 사상(事象)을 검토, 추가하여 그 내용을 알차게 만들 수 있다.

② 먼저 설비대책부터 세워라

재해 발생의 잠재 원인을 밝혀내 계층별로 우선순위를 정하고 정작 대책이 마련되면 비교적 대응하기 쉬운 인적 대책에 먼저 눈이 가기 쉽다. 기술·비용·시간 등 까다로운 요소가 고려되어야 하는 설비대책은 뒤로 미루는 경우가 많은 것이다. 여기에서도 최고경영자의 영단이 필요하다.

재해를 사전에 방지해야 하는 안전보건담당자가 가장 먼저 해야 할 일은 환경정비이다. 그것이 기업의 책임이자 환경에 영향을 미치는 측의 책임이므로 작업장과 그 주변을 안전한 상태로 정비해야 한다. 그다음 비로소 규정 준수, 개선 활성화, 상호주의 실행이 가능한 사람과 현장을 만드는 데 전제가 되는 의식개혁이 이어진다.

하지만 환경정비를 바로 진행할 수 없는 경우도 있다. 그때에는 어떤 잠정 조치를 실행할 것인지, 언제까지 어떤 대책을 추진할 것인지 계획을 명확히 하고 주지시키는 일이 중요하다. 그렇게 해야 작업하는 사람들에게 안심감을 줄 수 있다.

(4) 상류에서 개선하는 일이 먼저다

제1장에서 하류에서 상류로 정보를 역류시켜 상류에서 개선활동을 시행하는 방법이 효과적이라고 기술했다.

기업에 따라 다르지만, 내가 소속했던 크레인 회사와 같은 곳은 리스크 평가를 하지 않으면 고객의 현장에서 공사를 할 수 없게 될 수도 있다. 리스크 평가는 좋은 방법이고 좋은 제도이지만 아직은 내용보다 외형이 중요시되는 단계라고 생각한다. 그러므로 현실적으로, 우선 외형부터 시작하고 이상적인 모습을 지향하면서 내용을 충실하게 만들어가는 게 좋다.

실제로 리스크 평가는 지식을 갖춘 사람이 중심이 되어 재해 발생의 잠재 원인을 밝혀내는 평가를 실시한 뒤에 평가표를 작성하는 방식으로 이루어진다. 그러나 이런 평가를 공사 직전에 실시한다면 효과 높은 대책이 시행되기는 어렵고, 보호장구나 사람의 의식에 의지하는 종래의 대책이 되풀이되기 쉽다. 현재 존재하는 리스크의 수준이 높으면 작업을 중지해야 하므로 리스크를 낮추기 위한 노력은 중요하다. 하지만 경우에 따라서는 리스크 수준이 높은 상태에서도 관리자나 감시자 같은 입회자를 늘리는 등의 대책을 통하여, 주로 '그 상황에서의 최선책'을 찾아 헤쳐나가야 할 때도 있다. 또한, 공사 시작 직전에는 리스크 평가에 모든 관계자가 참가하기 어려운 면도 있다.

이런 상황을 감안하면, 사양서 단계부터 검토한 대책을 사양에 적용할 수 있는가가 중요하다. 모든 관계자가 참여한 리스크 평가를 포괄적으로 실시하여 효과가 높은 대책을 실행할 수 있는가 하는 문제가 그 여부에 달려 있기 때문이다. 그러나 여기서 더욱 문제가 되는 것은 단기간에 끝내야 하는 공사가 많으면 결과적으로 비용면에서나 환경면에서나 어려운 조건에 처하게 된다는 사실이다. 수주 가능성이 불확실한 단계에서 리스크 평가를 어디까지 실시할 수 있을까? 또 리스크 평가는 비용과 대상 업체의 능력과 관련되어 있는 만큼 유명무실화될 우려도 있다. 그러나 본래 전원 참가란 자사뿐만 아니라 발주처까지 포함하는 것이므로 관계자 전원이 참여하지 않으면 달성될 수 없다.

'작업 완료'라는 표현이 있는데, 작업이 끝난 이 단계에서 리스크 평가 결과에 대해 반성하고 다음 작업을 수주했을 때 제안할 수 있도록 정리해두면 요긴하다. 반복적인 작업이 많을수록 축적이 매우 중요한 것이다.

다음에 리스크 평가에 의한 개선 사례 세 가지를 소개한다.

① 개선 사례 1 〈도표 5〉

고소(高所)에서 점검 작업을 하면서 접사다리를 사용하는 경우가 있었다. 이 때문에 작업이 불안정하여 리스크 평가에서 리스크가 가장 높은 A등급이 되었다. 그러자 발주처에 장소 확보와 고가사다리차 사용을 제안했고, 발주 조건의 재검토와 대책 비용 인상을 요청했다. 결국 리스크를 C등급으로 낮추고 안심하고 작업할 수 있게 되었다. 간단한 개선이지만 이와 같은 제안 작업을 가능하게 한 것은 리스크 평가를 도입한 성과이다.

② 개선 사례 2

높이 7미터, 길이 80미터, 폭 15미터의 작업대에서 작업하는 대형 공사가 있었다. 당초에는 부분 발판을 설치하는 사양이었지만

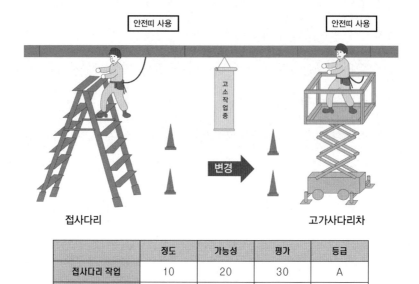

안전띠 사용   안전띠 사용

고소작업중

변경

접사다리   고가사다리차

	정도	가능성	평가	등급
접사다리 작업	10	20	30	A
고가사다리차 작업	10	10	20	C

〈도표 5〉 개선 사례 1

※ 제언을 통해 점검 작업의 개선을 이루어냈다.

그대로 진행하면 리스크가 낮아질 수 없었다. 또 이전의 공사에 대한 반성의 목소리도 있어서 고객에게 전면 발판을 제안했다. 이 때문에 상당한 추가 비용이 발생했지만 발주처는 제안을 받아들였다. 공사 상황을 순회점검한 발주처의 임원이나 담당자가 "이 방법 아주 좋군요"라고 평가해주었고, 그 뒤에도 동일한 사양으로 발주가 이어지게 되었다.

③ 개선 사례 3

　도요타자동차의 현장에서는 주어진 기계에 불만이 있어도, 작업
하기 용이하도록 끊임없이 개선활동을 하여 설비를 자유자재로 다
루는 것이 일의 일부(도요타의 DNA: 도요타 생산시스템의 철학)라고
생각한다. 그러나 상류에서 개선으로 연결되는 매우 중요한 키워드
를 가지고 있는데 현장(보호와 안전이 유지되어야 할 곳)의 의견을 활
용하지 않는 것은 안타까운 일이었다. 그래서 도요타자동차에서는
현장의 목소리를 계획부서(제조메이커)에 어떻게 반영할지 생각했
다. 그리고 마침내 현장의 지혜를 결집한 결과로 기계 안전에 관한

규정(기본 기준)을 제정했다. 이것은 각 계획부서 사이(일본 전체로 보면 기계공업기업 사이)의 불균형적 편차를 더욱 줄이고 기계 안전을 크게 진전시켰다.

이 사례는 업무 지시는 상류에서 하류로 흘러가더라도 정보는 하류에서 상류로 흐르는 것이 얼마나 중요한지 보여준다. 이번 예와 관련해서 말하면, 기본 기준이 제정된 지 약 10년 후에 거의 동일한 취지와 내용을 담은 ISO 12100(기계류의 국제 규격)이 JIS B 9702(리스크 평가의 원칙에 의해 기계류 안전성에 대한 기준을 정하는 일본 내 규격)로 제정되었다. 이 규격을 더욱더 확산시키지 않으면 일본 산업계의 안전은 유럽보다 10년 이상 뒤쳐지게 될 것이다. 좋은 방법이라는 사실을 알아도 실천이 어려운 실태는 있지만, 전진하기 위해서는 평소에 정비하고 더 높은 상류에서 개선에 도전해야 한다.

(5) 본질안전화로 전개되다

예전에, 가공라인 리뉴얼 공사의 기획 단계에서 수천 건에 달하는 불안정 현상을 모두 개선하지 않으면 검수를 하지 않겠다고 한 공장장이 있었다. 리스크 평가에 필요한 마음가짐은 이와 같은 소신이 아닐까 한다.

2011년에 도요타자동차의 한 협력 기업이 투자액을 예전보다 약 40퍼센트 줄이고, 조립라인·도장라인 단축화 등으로 단순화·슬림화한 새 공장을 건설했다. 이것은 종래의 공장에서 나타난 3무(무리, 무라:불균형, 무다:낭비)에 대한 많은 과제를 연구한 결과로, 그 당시 개선(Kaizen)의 집대성이라고 할 수 있다.

보도에 의하면, 2010년 로봇 대상에 도요타자동차 공상에서 스페어타이어를 트렁크에 수납하는 로봇이 선발되었다. 종전처럼 안전펜스 안쪽이나 특정 기계에 내장되어 있는 것이 아니라, 종래의 약 20분의 1인 모터출력 80W로(운반하는 물건의 중량은 동일하다) 사람과 한 공간에서 움직이는 것이 특징이었다. 또 이 로봇은 사람이 자기 팔에 접촉하면 물러나는 기능도 있다. 이것이 바로 저출력화 사례이다. 이 로봇은 가라쿠리[21]와 전자제어라는 일본의 강점과 지혜의 집합체라고 소개되었다. 안전담당으로서 로봇 안전대책 기준을 정비할 무렵 나는 기술자와 "울타리 없는 로봇 공정이 미래의 이상이다"라고 얘기하곤 했다. 이때는 꿈을 이야기한 것뿐이었는데, 이제 실제로 가능한 일이 되었으니 기술의 진보에 놀랄 뿐이다.

도요타자동차의 스페어타이어 로봇이 정확히 본질안전화의 사례

21　가라쿠리란 실이나 태엽을 이용해 움직일 수 있게 만든 일본 전통 인형을 일컫는데, 그 제작은 전 과정이 손으로 이루어지며 매우 정교한 기술이 필요하다. —옮긴이

라고 할 수는 없지만, 여기서도 안전보건 측면에서 본질안전이 개선되고 있다는 사실을 엿볼 수 있다. 저출력 로봇을 활용한 공정의 저변에는 예전부터 안전보건 분야에서 제안하고 도전해온 본질안전화라는 주제가 면면히 흐르고 있기 때문이다. 이 로봇은 본질안전화의 커다란 진척을 보여주는 증거 중 하나라고 생각한다.

재해는 현장(직장) 문제를 드러내는 대표적 특성이라고 지금까지 반복해서 강조했는데, 나는 이런 기본적 사고를 바탕으로 개선활동을 해왔다. 개선활동의 목적은 리스크 평가의 목적과 동일하다. 본질안전화를 덮개나 울타리, 광전관 같은 데 안전장치를 부착하는 일로 생각하고 그렇게 시행하는 경우도 있다. 하지만 요컨대, 리스크평가를 실시할 때 중요한 것은 안전장치 등을 분리하고 기계를 해체한 상태에서 잠재 리스크를 모두 찾아내는 일이다. 그리고 다음 키워드에 따라 위험도를 낮춰가는 일인 것이다.

① 저출력화 ② 단순화·슬림화 ③ 빈발정지(일시정지)의 빈도 저감 ④ 신뢰성 향상 ⑤ 보호 안전의 용이성. 이런 키워드를 토대로 실시한 본질안전화의 사례로는 상하 반송에서 수평 반송으로 전환한 일이 있다. 전에 부품을 가공하는 자동라인에서 사람의 이동 통로 확보를 위해 상하 리프터나 반송기를 사용하고 있었다. 그러나 이 설비들은 고장이 잦았고, 그처럼 잦은 고장을 처치하는 가운데 재해가 발생했다. 의논 끝에 리프터를 없애는 동시에 저출력화를 추

진했다. 결과적으로 고장으로 인한 라인 정지가 없어지고 보호 안전성이 향상되어 부상 위험도 감소하고 생산성이 향상되었다. 안이하게 안전장치만 부착하는 잘못된 본질안전화를 하는 것이 아니라, 이렇게 낭비 요소를 감소시킬 방법을 검토하는 것이 리스크 평가의 진정한 목적이다.

현장의 리스크 평가활동에 비해 설계 단계의 리스크 평가는 아직 미약한 측면도 있다. 그러나 이러한 사례에서 알 수 있듯이 본질안전화는 물건 만들기를 위한 최적의 환경을 확보하는 일이며〈도표 6〉, 본래 리스크 평가가 요구하는 결과와 동일한 것이다.

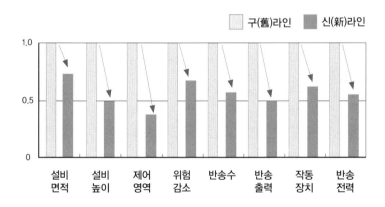

〈도표 6〉 어느 생산라인에서 보여준 본질안전화 대책의 효과

(6) 안전보건부서는 예산이 없다

경우에 따라 다르기 때문에 일률적으로 말할 수는 없지만, 내 경험으로 안전보건 부문은 리스크 평가의 설비대책 예산을 확보하지 않는 것이 좋다.

내가 안전보건담당자가 된 초기, 각 부서에는 매년 보전비 등의 예산이 마련되어있었지만 안전보다 생산성 향상이 우선시되고 있었다. 당시 발생한 큰 재해를 계기로 설비 관련 과제를 어떻게든 개선하고 싶다는 생각을 하게 돼서, 나는 회사 전체의 예산을 편성할 때 안전보건부서의 '설비' 예산을 확보해달라고 했다. 그러나 당시 임원은 "안전보건부서는 설비 예산이 없는 편이 좋네. 예산이 없어서 (안전보건부서 예산을 쓸 수 없게 되어서) 현장에서는 안전대책 활동을 안 하고 있어. 자기 현장은 자기가 안전한 환경으로 만든다, 또 부하의 목숨은 상사가 지킨다고 생각해야지. (그러면 안전 관련 예산 문제도 현장에서 요청할 텐데) 이런 의식 없이 예산이 무슨 소용인가"라고 타일렀다. 안전이 모든 것에 우선된다는 생각을 갖는다면 먼저 스스로 예산을 확보하고 안전을 일순위로 삼아 투자하지 않을까? 임원의 말은 생산 제일주의 의식의 개혁을 목표로 하고 있다고 느껴졌다.

특이한 상황이 발생한 경우에는 안전보건담당자로서 회사 전체

차원의 예산을 확보하기도 하지만, 원칙적으로는 각 현장에서 각자의 상황에 맞는 안전대책을 계획적으로 실시하도록 해야 한다.

안전보건담당자의 역할은 개별 현장(직장) 사이의 실천력 차이를 파악하고 구체적으로 지원하거나, 개선 제안 형태의 현장 지원활동을 하는 것이라고 생각한다. 리스크 평가는 현장의 업무로 뿌리내리지 않으면 자리잡을 수 없는 것이다.

(7) 리스크 평가와 위험예지에 대해 알아보자

① 리스크 평가와 위험예지의 차이를 알아보자

먼저 리스크 평가와 위험예지의 차이에 대한 이해가 필요하다. 안전보건활동의 실상은 리스크 평가 연수회에 참가하거나 다른 기업들의 현장을 보고 벤치마킹하여, 위험예지를 리스크 평가로 치환하는 수준에 그치고 있는 경우가 많다. 결국 최후에 의지해야 할 것은 '사람'이지만, 이런 식으로는 종래의 '사람에게만 의존하는 안전확보'에서 탈피할 수 없다. 따라서 관점을 두는 포인트를 바꾸지 않으면 전혀 다른 방향의 결론이 나올 수 있다. 리스크 평가와 위험예지의 차이를 정리했으니 참고하기 바란다〈표 5〉.

	리스크 평가	위험예지
목표	위험 '제로'에 다가가는 활동 : 위험원의 배제 또는 리스크의 저감	사람의 의식을 높이는 활동 : 위험 인식·위험 회피 행동의 실천
역할 부담	일하는 환경의 개선 : 관리자(사업자)의 직무 설비나 작업 을 물리적으로 안전하게 한다	감독자·기능자의 노력 : 각자의 감성이나 위험을 회피하는 방법에 기초해서 실시한다
특징	정량화해서 우선순위를 결정	참가자나 리더의 결엄 등으로 결정
사상	기계는 부서지고 사람은 누구라도 실수를 한다 / '절대 안전'은 없다	마지막에 의지할 것은 사람이다 / 주어진 환경에서 위험 회피 능력 을 몸에 익힌다
실시 대상	사람, 모든 설비·작업의 위험 요소	신경 쓰이는 작업, 선정된 작업
기타	재해 '제로'에 대한 확신의 축적 : 리스크 저감대책은 관리자 책임이다	효과적인 소집단활동 : 대책은 현장에 맡기게 된다

〈표 5〉 리스크 평가와 위험예지의 차이

② 사람이 관여하는 작업에는 리스크가 남는다

리스크 평가를 확실하게 실시한다 해도 리스크는 남는다. 사람의 기능이나 경험에 의지한 포크리프트, 크레인, 차량 등의 운전, 특히 크레인 사용과 조작(물건을 매달 때 와이어로프로 짐을 감거나 운반 신호를 하는 작업 등을 포함) 등에는 항상 위험이 잠재하고 있기 때문이다. 또 이상(異狀)처리 등을 주로 담당하는 보전부서는 한층 더 큰 리스크를 다루어야 한다. 리스크 저감대책을 강구했는데도 없어지지 않은 리스크나 현재 대책을 실행할 수 없는 리스크에 대해서는, 끈기 있게 보호구 착용 지시나 훈련, 현장지도를 하지 않으면 안 된다. 사람은 실수를 하는 동물이기 때문에 '기본 동작'과 '착각 방지' 등을 평소에 단련해야 하는 것이다.

환경을 정리함으로써 사람의 의식이 바뀌고 지속적인 안전보건활동이 가능해진다면 그런 변화가 기업의 문화가 된다. 미래를 대비한 인적 대책은 세련되고 스마트한 작업을 할 수 있는 사람 만들기라고 할 수 있다. 나는 '보고 안심, 하고 안심, 신중한 행동'이라는 주제로 끊임없이 행동하고 고민하면서 안전보건활동을 해왔다. 부단한 노력이 바로 힘이다.

③ 리스크 평가와 위험예지를 연계시키자

공사(工事)를 하기 전에 준비하는 서류가 매년 많아지고 있다. 거기에 리스크 평가표의 작성이 더해져 업무량이 상당히 증가하였다. 리스크 평가 대상이 전체 직원으로까지 확대되면 방대한 작업이 되고 대책을 세우는 일도 간단하게 끝나지 않는다.

이 때문에 내가 소속했던 크레인 회사에서는 위독한 재해의 가능성이 있는 요소를 놓치지 않는 데 중점을 두고, 먼저 가장 위험한 작업에 투입되는 직원에게만 리스크 평가를 실시하기로 했다.

사양 협의 단계에서부터 리스크 평가를 실시하면 효과적인 대책을 세울 수 있지만, 공사 직전이 되어서야 리스크 평가가 가능한 경우도 적지 않다. 이 때문에 앞서 상류에서의 개선이 필요하다고 기술하기도 했다. 최선의 대책을 마련하지 않으면 리스크를 낮추는 일은 불가능한 것이다. 그러나 불가피할 때에는, 예를 들어 관리감독자의 참관하에 세심한 주의를 기울여 작업에 임하는 등 그 단계에서의 차선책을 활용해야 한다.

이와 관련하여, 내가 일했던 크레인 회사에서는 아침의 KY미팅[22]이나 휴게 시에 관련 조치를 고지한다. 즉, 모든 직원이 두 시간 정도 간격으로 리스크 평가표에서 다음 작업의 최고의 위험 요소가 무엇인지 선택, 확인한 뒤에 임하도록 하는 것이다. 이런 과정은 사전 리스크 평가를 현장의 위험예지로 이어지게 함으로써 관리자와 현장의 직원들이 일체감을 가질 수 있도록 한다.

또한 현장의 환경이나 조건이 당초와 다르면, 이것이 매우 위험한 요소가 되기도 한다. 그래서 사전에 예측하지 않았던 조건이 발생한 경우에는 현장에서 리스크 평가표에 작성하도록 하고 있다.

여건이 안 될 때는 중요한 활동 하나에 집중하는 것이 내 안전보건활동의 방법적 원칙이다. 이것저것 다 욕심을 부려서는 현장에서 대응할 수 없다. 가능한 일부터 대응하고 서서히 수준을 높여가는 활동이 현실적인 것이다.

---

22 KY는 위험(危險)과 예지(予知)의 일본어 발음 '기켄'과 '요치'에서 따온 것이다. KY미팅이란 현장의 잠재 위험에 대해서 마음을 터놓고 논의하여 해결책을 강구하기 위한 회의이다. ―옮긴이

(8) 활동의 축과 프로세스를 만들어라

안전보건활동은 증가할 뿐 감소하는 것은 불가능하다고 하는 소리도 자주 듣는다. 사실 재해가 발생하면 또다시 새로운 규정이 만들어지기 때문에 그 말도 틀린 것은 아니다. 그러나 현장에서 하는 안전보건활동은 시간적으로도 한정되어있어 한 번에 많은 일을 할 수가 없다. 그래서 중요한 활동을 적시에 제대로 실시할 필요가 있는 것이다. 그러기 위해서는 지시하는 측이 종래 활동과의 관련성, 그 목적과 원리를 확실하게 설명해야 한다. 이것은 작업요령서 작성과 리스크 평가, 리스크 평가와 위험예지, 위험·유해 작업 파악과 개선, 교육·순회점검의 주제 등 모든 것과 관련이 있다. 그러므로 활동의 축(기둥)을 확실하게 만들고 줄기를 이해하기 쉽게 연결시키면 활동의 흐름이 명확해질 것이다.

예를 들면 아래와 같이 정리하면 된다.

① 위험·유해 작업 색출 뒤 계층별로 우선순위를 정한다
(리스크 평가와 동일한 작업이다).

② 잔류 리스크를 공유화하고 위험예지의 주제로 반영한다.

③ 리스크 저감대책이 확실하게 실행되고 있는지 순회점검을 하고

지도한다(OJT 교육을 활용한다).

④ 리스크 저감을 위한 본질안전 대책을 실천한다
(개선활동에 해당한다).

⑤ 리스크 관리대책을 요령서에 반영하여 교육 자료로 사용한다.

⑥ 위 사항을 반복해서 실시한다(PDCA 사이클을 운영하면 최종
적으로는 OSHMS로 집약된다).

또한 주간·월간·연간 계획을 세울 때마다 주제를 선정하고 실시
한다면 활동을 전개할 때 크게 부담을 느끼지 않을 것이다.

4. 사전 방지의 기둥 만들기
_기준 설정과 대상에 집중하는 일의 중요성

(1) 목표를 설정할 때의 중점을 짚어보자

기업들은 회사 전체 노동재해 발생 건수 '제로'를 목표로 하는 경우가 많다. 그러나 현장의 작은 집단이나 조직의 입장에서 볼 경우, '재해 0건'이라는 말은 너무도 당연하게 생각되어 오히려 가슴에 와 닿지 않는다. 노동재해 도수율[23]이 0.5인 경우, 100명이 작업하고 있는 현장에서는 10년에 1건 재해가 일어나는 셈이다. 그러므로 도수율이 더 낮고 작업자도 더 적은 현장에서는 20년에서 30년 동안 재해가 일어나지 않는 것이 당연한 일이 된다. 이런 상황에서는 단순히 목표를 '제로'로 설정한 데 힘이 실리지 않는다. 특별히 아무것도 하지 않아도 재해가 일어나지 않는 경우도 있고, 그 반대인 경우도 있기 때문이다. 따라서 안전보건활동의 결과로 재해 '제로'를 만

---

23 도수율(度數率)은 근로시간당 재해 발생 빈도를 나타내는 지표로서 (재해건수 / 연노동시간수)×1,000,000 또는 (재해건수 / 연노동일수)×1,000,000으로 계산한다. ─옮긴이

들겠다는 자세를 가져야 한다.

　안전보건활동은 목표가 명확하지 않으면 요식 절차로 끝나게 된다. 그러므로 제거하고자 하는 재해를 명확히 밝혀야 한다. 그리고 현장(직장)의 재해 발생 가능성에 대해 소통하고 있는지, 안전보건 담당자가 판단 자료를 제공할 수 있는지 등도 짚어보는 것이 좋다. 그리고 무엇보다, 제거 대상 재해의 발생 요인을 구체적인 주제로서 공유화해야 한다. 재해는 현장의 문제를 드러내는 대표적인 특성이다. 그러므로 한층 더 중요한 것은 진정한 원인의 제거·개선을 목표로 설정하는 일이라고 할 수 있다.

　제조업에서 가장 제거하고 싶은 재해 중 하나가 설비나 기계에 끼이고 말려드는 재해이다. 이런 재해의 방지를 목표로 설정하기 위해 과제를 열거하면 다음과 같다.

① 라인 정지 발생 시 개선 실시
　모든 직원이 참가한 생산보전(TPM: Total Productive Maintenance) 활동과 연계하여 단순화·슬림화를 추진한다.

② 이상처리 시 대처법 확립과 교육·훈련활동 실시
　이상처리 시의 작업 방법을 정확히 확립하고 교육과 훈련에 중점을 둔 활동을 전개한다.

③ 구체적인 '정지'활동 확인

이상 시 기계 작동을 중단시키는 일에 대해 생각해보자. 전원 차단 실시는 당연하지만 여러 가지 작업 환경을 검토할 필요가 있다. 예를 들면, 전원이 차단된 상태에 있는가(최근에는 감소한 경우지만, 예전에는 로봇이 동작 중에 정지할 수 없다든지, 동작 복귀에 시간이 걸린다든지 하는 이유로 전원을 차단하는 것을 주저하기도 했다), 에러는 간단하게 해결할 수 없는가(잔압으로 인한 재해를 방지하는 일 포함). 에어를 뽑을 때 로봇팔 등의 낙하 방지대책(위치 에너지대책도 고려)은 충분한가 등을 확인해야 한다.

④ 동력 차단 보증대책 확보

설비의 확실한 정지에 대한 보증은 되고 있는지 확인한다.

⑤ 정지 범위의 명확화

비상정지 단추를 눌렀을 때 설비가 멈추는 범위가 명확한지 확인한다.

⑥ 보전성 향상

안전커버 등 이중 삼중의 보호대책이 과도한 것은 아닌지 재고한다.

⑦ 록아웃(Lockout)의 작용 확인

타인에 의한 오조작을 방지하는 장치가 작동하는지 확인한다.

이와 같이 여러 진정한 요인들을 빠짐없이 찾아내 개선하고 있는 지가 중요한데, 이렇게 목록을 작성하지 않으면 목표가 애매해지게 된다. 안전보건담당자는 현장과 충분히 논의하여 '제로의 확실성'을 축적하는 활동을 이끌어가는 역할을 해야 한다.

(2) 생산 · 안전활동의 기본은 4S다

일본에서도 해외에서도 생산·안전활동의 기본은 4S(정리·정돈· 청소·청결)이다. 이를 압축하여 우선 정리(불필요한 것은 바로 버리고 있어야 할 곳에 필요한 물건을 필요한 만큼만 두는 것)와 정돈(편리한 사용을 위해 물건을 정확한 장소에 정확한 양으로 배치하고 낭비하지 않도록 하는 것)의 2S를 기본으로 삼아도 좋다.

많은 회사를 방문하며 느끼는 것은, 인사를 잘하거나 2S를 잘하는 회사는 틀림없이 실적이나 안전 관련 성적이 좋다는 점이다. 정리·정돈이 잘되어있다는 건 청소도 잘해서 청결함도 갖추었다는 뜻이다. 이것은 정해진 규칙을 지키려고 하는 마음가짐이 없으면 불가능한 일이기도 하다. 기업에 따라 6S, 7S 등을 실시하고 있는 곳도 있지만, 먼저 내용을 잘 이해하고 의미를 부여해서 추진하는 것이 중요하다. 특히 중소기업은 이 2S를 의지를 가지고 실천한다면 좋은 결과가 있으리라고 생각한다.

2S 또는 4S 지도의 핵심은 처음부터 답을 가르쳐주거나 명령하지 않아야 한다는 점이다. 만약 시작부터 최적의 방법을 알려주거나 규정 등으로 강제하게 되면, 직원들이 체득할 수 없을 뿐만 아니라 현장에 정착될 수도 없다. 그러므로 방향이나 힌트를 알려주고 관리자, 감독자가 끈질기게 집념을 가지고 계속 추진하는 편이 좋다. 만약 좋은 활동 사례가 나오면 다른 현장으로 널리 소개하고 경쟁심을 유발하는 것도 중요하다. 일단 한번 2S나 4S에 성공하면 분위기가 좋은 작업장으로 바뀌고, 그 변화는 지속적으로 이어진다. 그러므로 이 2S나 4S는 추진하기 쉽고 효과도 좋은 활동이라고 할 수 있다.

(3) 기준을 설정하고 현재화(顯在化), 공유화, 구체화하라

① 이상적인 기준을 설정해야 한다

재해가 발생하면 원인을 규명하고 대책을 강구하는 일이 당연한 듯 논의된다. 그러나 여러 회사의 재해 보고서를 보았지만, 진정한 원인 규명을 하지 못하는 경우가 많다. 자칫하면 문제를 일으킨 당사자를 비난하는 식이다. 또 규정을 지키지 않았다, 위험예지가 불충분했다, 지식이 부족했다고 하면서 사람에게서 원인을 찾는 경우가 많다. 이러면 재해는 절대로 없어지지 않는다. 분명히 재해를 일으킨 사람에게 책임은 있지만, 재해를 유발하려고 일하는 사람은 없을 것이다. 오히려 최선을 다해 일하는 사람이 재해를 당하는 경우가 많다고 생각한다.

중요한 것은 사람, 물건, 관리 측면에서 어떻게 하면 재해를 막을 수 있는지 규명하고 연구하는 일이다. 즉 '이상적인 기준'이 관리자부터 작업 제일선에 이르는 공통적 인식으로 자리잡고 있었는지가 원인 규명의 중심이 되지 않으면 진정한 대책은 나올 수 없다.

또 이상적인 기준은 이상론이 아닌 현실론이라는 점도 중요하다. 영화 〈춤추는 대수사선〉에서 "사건은 회의실이 아닌 현장에서 일어

난다"고 했듯이 재해도 '현장에서' 일어난다. 이 때문에 재해는 책상에 앉아서 생각한 이론이나 이상론만으로는 해결할 수 없다. 물론 이상은 중요하지만, 한층 더 중요한 것은 현장의 설비나 장소 같은 조건, 사람의 수준 등을 고려하고 다같이 지혜를 모아 손에 잡히는 '이상적인 기준'을 그리는 일이다.

예를 들면, 설비에 끼이는 재해를 방지하는 방법도 그렇다. 끼임 재해를 막으려면 동력을 차단하고 반드시 록아웃을 해야 한나. 하지만 과연 그 조치를 모든 기계나 작업에 적용할 수 있는가 하면 그렇지는 않다. 동력을 차단하면 조정 등의 작업이 불가능한 경우도 있기 때문이다. 이럴 경우 해결 방법에 대한 논의가 시작되고, 예를 들어 부분적으로 가동이 가능한 회로를 확보할지, 스피드를 억제할지 고민하고 선택한다. 이렇게 해서 현실론에 바탕을 둔 '이상적인 기준'을 설정하는 것이다.

현재의 기준을 달성한 뒤 그보다 더 발전된 다음의 '이상적 기준'을 설정하는 경우에는 수준 향상을 도모하는 방법인 PDCA 사이클 (Plan 계획-Do 실행-Check 확인-Action 조치)을 돌리는 것이 좋다.

내 경험으로 말하면, 재해 발생 전에 이와 같은 논의가 되어있는 현장에서는 큰 재해가 쉽게 일어나지 않는다.

② 가시화와 공유화가 없는 곳에는 개선도 없다

현재는 비정규직 사원 비율이 증가하는 등 사람의 이동이 많아서, 좀처럼 규정이나 회사의 우수한 DNA를 전승하기가 어렵게 되었다. 제2장의 사람 만들기에서 기본 행동의 중요성을 소개했는데, 이것은 이상적인 기준 중 하나이다.

자주 사용되는 표현으로 가시화가 있다. '눈으로 보는 관리'라고도 하는데, 이것은 누가 보더라도 알 수 있어야 하는 점이 중요하다. 그러나 무엇을 보여주는 것이 좋은지 답하는 일은 쉽지 않다. 중요한 것은 '정상상태의 가시화'이다. 일례로 물건을 보관하는 방법에서도 그렇다. 상자를 정하면 물건을 몇 개 담아야 적당한지, 출하 시기가 언제인지, 관리자가 누구인지 등 정상상태를 확실하게 정해두어야 한다. 정상상태가 명확하게 되었을 때 이상(異狀)을 지적할 수 있고 문제가 공유화되기 때문이다. 그리고 공유화가 되어야 다시 정상상태로 가기 위한 개선을 진전시킬 수 있다.

중소기업에서는 일하는 작업자의 수가 적기 때문에 '말하지 않아도 알겠지'라고 생각할 수도 있지만 사람의 선입견만큼 무서운 것도 없다. 내가 경험한 사례인데, 제작 품목, 제작 기간, 크리티컬 패스(Critical Path: 목표까지의 최단경로를 말한다)의 요점, 출하 시기 등을 관계자밖에 모르는 업체가 있었다. 그래서 사양을 정하고 포인트를 게시하도록 했다. 그 뒤부터 직원은 물론 방문 고객까지 모두가 작업 관련 사항을 이해할 수 있게 되었고, 또 공장으로 안내를 받은 고객이 4S, 인사예절, 공정관리 등이 확실하다고 감탄하는 일도 많아졌다.

도요타자동차에서는 이 가시화를 시해화(視解化)라고 쓰고 미에루카(見える化)라고 불렀다. 그들은 이 말에 '정상·이상상태를 보고 이해한다'라는 의미를 담아서 사용했다. 좋은 사이클을 순환하게 하는 데는 돈을 들이기보다는 집념을 가지고 끊임없이 주지시키는 노력이 필요한 것이다.

③ 구체화를 소홀히 해서는 안 된다

일반론만을 논하지 않는 구체화도 중요하다. 같은 말이지만 귀로 듣고 서로 달리 이해하는 경우가 종종 있다.

이글 클램프(Eagle Clamp: 재료나 부품을 고정시키는 죔쇠의 일종)로 철판을 매달고 있는 위험한 상황을 보고 내가 "뭘 믿고 이 작업을 하고 있습니까?"라고 물었다. 그랬더니 "괜찮아요"라는 대답이 돌아왔다. 안전하게 하고 있으니까 괜찮다는 것인지, 지금까지 사고 없이 잘해왔으니까 괜찮다는 것인지, 무엇이 정말로 괜찮은 것인지 이해하기 어려운 대답이었다.

어느 땐가 다른 회사에서 사고가 일어났다는 소식이 있어서 생산 설비 전문 메이커에 점검을 의뢰했다. 예상대로 거의 모든 것이 위험한 상태였다. 즉각 전체 설비의 부품을 바꾸고 동시에 정기적으로 부품을 교환하도록 했다. 이렇게 한 일이 결과적으로 그 회사 직원들의 목숨을 구했을 것이라고 생각한다.

이것은 대화와 행동은 구체적이어야 한다는 사실을 보여주는 사례다. 구체화 역시 간과하면 안 되는 중요한 키워드임을 기억해야 한다.

(4) 대상을 선택하고 집중해야 한다

안전보건활동을 펼 때 어떤 요인을 누락해서는 안 되지만 모든 일을 한 번에 다 할 수는 없다. 대기업의 활동이 자주 실패하는 이유가 바로 이것저것 다 지시하기 때문이다. 이런 무리한 지시는 관리자의 면죄부가 되는 일이 많다. 관리자 자신이 매일 안전활동을 하고 있지 않으면, 안전대책은 탁상공론에 불과하다. 또 재해가 발생했을 때만 잔뜩 신경을 쓰며 "지시 사항이 제대로 실행되지 않아서 그런 거 아닌가!" "왜 그런 작업을 했나?"라고 꾸짖는 것도 상황 개선에 도움이 안 된다.

노동재해가 확률적으로 그다지 많이 발생하지 않으면 최고경영자부터 안전보건담당자·관리자까지 오히려 긴장을 하고 각오를 다져야 한다. 현장은 하나의 주제로서도 중요하다. 안전보건활동을 하나씩 확실하게 실시해서 성공의 경험을 축적하면, 그것이 다음 목표로 향하는 힘이 된다. 사람은 그런 과정을 통해 성장하는 것이다. 그리고 부단히 개선을 추진해야 재해를 사전에 방지할 수 있는 사람과 현장이 만들어진다.

그렇기 하기 위해서는 회사(공장)에서 최저 3년 동안 중기 계획을 세우고 역할 분담을 명확히 해야 한다. 검토는 계층별로 실시하고 그 가운데 우선순위가 높은 주제(반드시 리스크가 높은 항목이 아니라, 하기 쉬운 내용이나 요구가 강한 내용 등을 현장 상황에 따라 선택한다)부터 단기적 목표로 채택해서 대응해나간다.

안전보건담당자는 목표를 압축하는 활동의 중요성을 제안해야 하며, 그렇게 할 수 있는 역량 또한 갖추어야 한다. 누구를 위한 활동인지 명확하게 정하여 안전보건활동이 관리자의 면죄부로 이용되지 않도록 해야 하는 것이다.

(5) 자공정 완결을 목표해야 한다

품질관리와 관련한 원칙의 하나로 '자공정 완결'이 있다. 이것은 각각의 작업이 다음 공정에 나쁜 영향을 주지 않도록 한다는 사고 방식이다. 자동차는 3만여 개 부품의 조합으로 만들어지기 때문에 완성 후에 모든 부품의 품질관리를 하기는 매우 어렵다. 그러므로 자공정 완결은 부품 하나하나의 품질을 제조공정에서 확실히 관리하고, 그렇게 만든 좋은 부품을 조합해서 결과적으로 좋은 제품을 만들자는 것이다.

도요타 사키치가 발명한 자동직기[24]가 세로 실이 한 줄이라도 끊어지면 작동을 멈춘다는 것은 잘 알려진 사실이다〈사진 2〉. 이것은 오류가 발생할 때에는 설비를 멈추고 바로 해결함으로써 불량품을 만들지 않겠다는 생각에서 개발된 기능일 것이다. 이런 사고방식은 자공정 완결이라는 이름으로 현재까지 계승되고 있다.

안전보건활동은 오류가 발생하면 그에 대해 매일 현장에서 토의할 수 있게 하고, 실수를 최대한 사전에 억제할 수 있도록 한다. 자공정 완결도 재해가 일어나고 나서 대책을 궁리하는 것이 아니라, 재해가 일어나지 않도록 미리 검토하는 것이므로 그 의미가 깊다.

---

24 도요타자동차의 창업주 도요타 사키치(豊田 佐吉)는 1924년에 G형 자동직기를 만들어냈다. 실이 끊어지면 작동을 멈추는 기능 외에 가로 실을 자동으로 바꿔주는 기능 등도 추가하여, 당시 그때까지 개발된 기술을 집대성하여 세계제일의 기술을 구현했다는 평가를 받았다.

〈사진 2〉 G형 자동직기

※ 사진제공: 도요타 산업기술기념관

'안전활동과 품질관리활동은 그 근원이 같다'는 것이 자공정 완결 원칙의 기본적 사고이다.

(6) 묵인은 사태를 악화시킨다

'현장 사람은 바쁘니까 눈감아주자,' '저 사람은 꼭 변명을 해서 말하기가 싫다' 등의 생각으로 순회점검 시 지적해야 할 사항을 그냥 넘길 때가 있다. 배려가 중요하기는 하지만 큰 재해로 이어질 수 있는 상황을 파악했을 때에는 묵인하지 말고 그 자리에서 개선 요망 사항을 전달하는 게 좋다. 현장의 상황상 바로 말할 수 없는 경우에는 타이밍을 잘 잡아서 가능하면 빨리 지적해줘야 한다.

월드컵 축구 일본 대표팀의 오카다 다케시 감독은 강연에서 "지도의 핵심적 축은 절대 흔들리면 안 된다. 쫓아가야 하는 볼을 1미터도 따라가지 못한 플레이에 대해서는 엄하게 지도했다. '이 정도면 되지 뭐……'라고 생각하는 태도, 해이한 정신 상태가 팀 전체를 약체로 만든다"라고 말했다. 절대 양보할 수 없는 지표·축을 가진 집념의 안전보건담당자가 되고 싶다면, 바로 실현이 불가능한 일이 있을지라도 포기하거나 묵인하지 말고 끊임없이 지적해야 한다. 이것이 안전보건담당자가 꿈을 실현하기 위해 가져야 할 필요 불가결한 마음가짐이다.

(7) 활동하는 마음을 인수인계하자

안전보건활동은 물론 내용이 중요하지만 외형부터 시작하는 일도 간과해서는 안 된다. 어떤 스포츠에서도 기본기를 갖추지 않으면 좋은 성과를 올릴 수 없다. 안전보건활동도 마찬가지이다. 지금까지 4S, 기본 행동, 중점 지향의 활동, 문제점 색출과 대화 등을 안전보건활동의 기본으로 소개했다. 그러한 기본 형태 없이는 성과가 나오지 않는다. 특히 중소기업은 재해가 발생하는 경우가 적기 때문에 문제점을 인식하기 어려울 수도 있다. 그래서 활동의 기본(기둥이 되는 것)으로 간단한 것이라도 갖추고 있는지 평가·진단해야 한다.

안전보건활동이 다음 단계로 이어지는 면이 보이는가 보이지 않는가도 중요하다. 연속성이야말로 안전보건활동이 시스템으로서 갖는 의의이기 때문이다. 또한 왜 그 활동을 하고 있는 것인지, 그 배경과 본질에 대해 이해하는 것도 중요하다.

예를 하나 들자면, 8년 동안 중점재해[25]가 일어나지 않았던 어떤 사업 부문이 있었다. 그런데 새로운 부장이 부임하고 잠시 지나자 중점재해가 계속해서 발생했다. 나는 상담을 하러 온 그에게 "전임자는 항상 현장을 돌았는데 당신은 어떻게 하고 있습니까?"라고 물었다. 그러자 그 부장은 "같은 방법으로 하고 있습니다"라고 대답했다. "팔짱을 끼고 현장을 돌기만 하지 않고 말을 건넸습니까? 또 작업자에게 진심을 다해 생명의 소중함에 대해 이야기하셨습니까? 현장 순회점검이 형식적인 데 그친다면 현장에서는 '생산제일'이라고 생각하게 될 것입니다." 나는 이렇게 내 생각을 전달했다. 그 부장은 본의 아니게 그렇게 됐다는 듯한 얼굴을 했다. 그리고 그 후로

---

25 과거의 사례를 분석하여 중대한 결과로 이어지는 요소를 가진 것으로 분류한 재해를 말한다. 기계에 의한 끼임·말림재해, 중량물에 의한 접촉재해 등 6항목 70개 유형이 있다(138페이지 표 4참조).

현장의 한 사람 한 사람에게 말을 건네고 바른 일은 칭찬하고 고쳐야 할 일은 바르게 고쳤다. 10개월 정도 지났을 때 그가 "현장 사람들에게 마음을 전달하는 데는 시간이 걸리는군요. 최소한 1년은 걸리네요"라고 말했던 것이 인상적이었다. 그 부장은 직원 800명, 기계 3,000대의 부서를 관리했지만 그 후 재임 중에 중점재해를 한 건도 발생시키지 않았다.

이 경험에서 나는 '외형 계승에서 마음 계승으로'라는 말을 생각하게 되었다. 제2장 '풍토 만들기'에서 소개했던 로댕을 다시 한번 인용하자면, 전통이란 외형을 계승하는 것이 아니라 그 정신을 이어가는 것이다. 앞선 예는 대기업이었지만 중소기업 역시 안전보건활동을 형식이 아닌 정신으로 이어가는 분위기를 정착시키기는 데에는 시간이 걸릴 것이다.

(8) 말하는 현장을 만들어라

재해의 사전 방지를 위해서는 안심하고 일하는 환경 만들기가 우선되어야 하지만, 마지막에는 역시 사람이 중요하다. 자금을 들이지 않고도 할 수 있는 효과적인 안전보건활동 중 하나는 각자가 사람들 앞에서 안전선언을 하는 것이다. 여러 회사에서 종종 행동 목표나 그림을 곁들인 좋은 글귀 등을 벽에 붙이기도 하지만 그것들은 장소가 한정되는 경우가 많다.

내가 소속했던 크레인 회사에서는 조례나 다른 회의에서 '작업안전과 교통안전'에 대한 자신의 생각을 구체적으로 발표하는 자리를 마련했다. 발표를 반복하고 또 반복해서 그대로 행동함으로써 지금은 전원이 언제 누가 묻더라도 행동 목표를 대답할 수 있게 되었다.

사람은 사신의 입으로 말한 내용은 잘 잊어버리지 않는다. 또 그 말을 지키지 않으면 뭔가 기분이 좋지 않아서 일탈하려는 마음에 브레이크가 걸린다. 회의 중의 발언 내용이 좋거나, 타인에게 참고가 되는 새로운 내용이나 관점을 발견한 경우에는 개별적으로 칭찬하고 커뮤니케이션의 기회로 연결한다. 이러한 활동은 한 사람 한 사람의 의식이나 감성을 향상시켜 자기 말에 책임감을 가지는 풍토 만들기로도 이어진다.

5. 끼임(협착)재해의 방지

(1) 제조업에서 빈발하는 끼임재해를 막아라

전 항까지 안전보건활동을 펴는 데는 대상 범위 좁히기, 가시화와 공유화, 구체화 등이 중요하다고 설명했다. 지금부터 이러한 것들을 토대로 안전보건활동을 추진하고 있는 도요타자동차의 사례를 살펴보도록 하겠다.

제조업에서 일어나는 재해 중 끼임재해의 비율은 여전히 변함없이 높아서 이 문제는 최대 과제의 하나이다. 끼임재해의 요인으로는 기계 이상이나, 일시정지(빈발정지) 시 기계 작동을 중단하지 않고 처리해서 발생하는 이른바 '정지하지 않은 재해'가 많다. 재해 분석은 규정 준수 위반이나 기계 이상 시 동력 차단 실시 원칙 위반 등의 관점에서 재해 요인을 찾고, 재해가 사람으로부터 기인한다고 판단하는 경우가 많은 듯하다. 물론 사람이 문제를 일으키는 경우도 많이 있다. 하지만 문제의 배경과 진정한 원인으로 눈을 돌려 물적 대책이나 관리 측면도 포함한 대책을 수립하고, 작업자가 기계 작동을 멈추기 쉬운 작업 환경을 만들어나가지 않으면 안 된다.

도요타자동차에서는 10년 이상 걸려서 '끼임재해 방지검토회' 활동을 전개했는데, 결과적으로 끼임재해를 약 10분의 1로 줄일 수 있었다.

(2) '정지'란 무엇인가?

_STOP과 WAIT의 차이

기계를 정지시켜서 처치하는 것이 끼임재해 방지의 기본이다. 그러나 이 '정지'라는 말의 뜻을 구체적으로 이해하고 있는 사람이 의외로 많지 않다.

1980년쯤에 있었던 일인데, 한 선배가 '정지하지 않은 재해' 방지대책의 일환으로 단어 의미를 구체화한 적이 있었다. 지금 와서 생각해봐도 훌륭한 착안점인데, 바로 'STOP(정지)'과 'WAIT(대기)'의 차이를 밝힌 일이다. 사실 그동안 일시정지 시 조치에 관해 "정지시키려 했는데 움직였다," "정지 작업을 했지만 방법이 제 각각이었다," "착각했다," "이해하기 어렵다" 등의 의견이 많았고 중대한 재해가 발생하고 있기도 했다.

'정지하고 있다'라는 말에는 두 가지 의미가 있다. 자동차를 예로 들어 설명하면, 빨간색 신호에 앞에 서 있는 차, 주차장에 서 있는 차는 모두 '정지해 있는' 상태로 아무 차이도 없다. 다만, 빨간색 신호 앞에 있는 차는 (거의 대부분) 엔진(동력원)이 켜져 있어서 언제든지 움직일 수 있는 상태다. 이것은 'WAIT' 상태, 다시 말해 위험한 상태라고 할 수 있다. 그런데 주차장에 주차된 차는 엔진에 파킹브레이크가 걸려 있어 움직일 염려가 없다. 또 차를 정지해놓으면 위치 에너지로 바뀌어 움직이는 일도 방지할 수 있다. 이것이 모든 에너지를 차단한 상태인 'STOP'이다. 에너지는 동력원이 되는 전원, 에어, 기름·공압, 위치 에너지, 탄성과 같은 잔류 에너지 등을 모두 포함한다. 그러므로 이것들을 모두 제거한 상태에서 작업을 해야 안전하다는 것이다.

어느 부장은 늘 "기계는 정지시키면 그냥 쇳덩어리야"라고 말하고 매일 철저히 'STOP'하는 것을 지켰다. 결과적으로, 그가 부장 자리에 있는 동안 (부서원이 800명이나 있었지만) 끼임재해는 한 건도 발생하지 않았다.

이렇게 할 수 있으면 좋지만, 사실 누구나 다 이런 관리와 운영을 할 수 있는 것은 아니다. 따라서 'STOP'이 무엇인지 알고 그 실천을 관리자에서 작업자까지 확실하게 훈련하여 몸에 익혀야 한다.

(3) 지명업무제도란 무엇인가?

지명업무제도는 작업자가 먼저 교육을 이수하고 일정 조건에 합격하는 일을 전제하고, 그 뒤에 작업할 수 있는 자격을 주는 제도이다. 그러나 금방 작업을 할 수 있는 것은 아니고, 예를 들어 '이상처치자'일 경우 자기가 취급하는 기계의 구조와 작동 방식을 공부해 지식을 습득한 다음 비로소 지명된다.

도요타자동차에도 이상처치자제도가 있다. 예전에는 누구라도 자신이 취급하는 기계의 이상처치는 어느 정도 실시할 수 있었다. 그러나 기계가 자동화, 복잡화되고 작업자의 이동도 많아져서 이제 모두 그렇게 할 수 있는 환경이 아니다. 그래서 기계를 안전한 상태에서 올바른 절차에 따라 작업할 수 있는 사람을 육성하기 위해 이 제도를 만들게 되었다.

이상처치자 자격은 이틀간 이론과 실습 교육을 받고 일정 능력을 갖춘 사람에게 부여한다. 이 제도가 발전하는 과정에서는 각 부서에서 교육을 실시했던 때도 있었지만, 편차가 커서 현재는 사내 교육센터를 활용해 회사 전체가 일괄적으로 실시한다. 교육은 내용의 충실성을 고려해 현장 경험을 쌓은 전임 강사를 배치하여 집중적으로 실시하고 있다.

이상처치 자격자가 필요한 작업의 범위는 안전펜스나 커버를 설치하여 작업할 때뿐만이 아니라, 기계·설비의 구조체(프레임) 내부, 즉 기계 속에 신체 또는 신체의 일부가 들어가는 경우도 포함한다. 제각각의 판단이 들어가면 이상처치의 편차가 커져 결국 재해로 이어지기도 하기 때문이다. 전형적인 사례로는, 떨어진 부품을 줍기 위해 기계 밑으로 손을 넣었을 때 실린더가 내려와 손이 끼이는 경우가 있다.

이 교육의 특징적인 점은 작업 실습 전에 '작업 전, 작업 중, 작업 후' 등의 수행 단계를 카드놀이와 같은 요령으로 정확한 순서대로 차례차례 익히는 데 있다. 이것은 이미지 트레이닝의 일종이지만 매우 어려운데, 이상처리 시의 작업이 총 수십 개의 단계로 이루어지기 때문이다. 이러한 교육법은 재해 발생 후 반성에서 나온 것으

로 간과해서는 안 될 중요성을 띠고 있다.

현장에서 라인이 멈추면 관리자는 "왜 꾸물대고 있어? 빨리 고쳐!"라고 질타하고 생산 재개를 격려한다. 하지만 이 교육을 경험하면(과장 교육 등으로 체험할 수 있다) 이상처치자가 얼마나 많은 일을 순식간에 생각하고 헤쳐나가고 있는 것인지 이해하게 되어 "당황하지 말고 안전하게 해주세요"라는 식으로 접근법이 바뀐다.

그 뒤 작업 실습은 10명의 그룹 단위로 실시된다. 교재로는 실제 현장에서 사용하는 대표적인 기계를 설치해서 사용하고, 현장에서 자주 발생하는 이상을 10종류 정도 재현할 수 있도록 준비한다. 그리고 이제 이것을 이용해서 하나씩 동작을 확실하게 수행하면서 처치 훈련을 한다. 여러 교육생이 한 사람이 작업하는 모습을 관찰할 때도 공부가 된다. 견학이란 '보고 배우는 것'이라고 강사가 항상 강조하며 말하기도 한다.

이상처치자의 임무는 처치를 하는 것뿐만이 아니라, 자신이 '이상의 첫 번째 발견자'라는 의식을 함양하려는 마음가짐을 갖는 것이다. 즉, 이상을 없애는 것은 최종 목적이며 어떤 상태에서 이상이 발생하고 있는지 아는 초기 단계의 정보가 중요하다.

지식을 쌓고 의식을 갖추지 않으면 사람은 안전한 행동도 일도 할 수 없다. 그러므로 이것은 교육의 중요성을 알고 실천하는 사례이기도 하다.

'지명'은 관리자·상사가 의식 함양과 더불어 작업 수행을 명령하는 일이며, 이제 중요한 제도로 자리매김했다. 이 이상처치자제도에 따라 처리하는 작업 외에, 일본 산업안전보건법 규칙 제36조(특별 교육을 필요로 하는 업무에 관한 조항)의 해당 사항도 사내의 제정 사항과 합쳐서 지명업무 규정의 대상 작업으로 정하고 있다.

(4) '정지, 호출, 대기'의 마음가짐을 가져라

"이상이 발생하면 먼저 작업을 멈추고, 이상처치자나 상사를 부른다. 그동안은 손으로 만지지 말고 기다린다." 이것은 원래 도요타 자동차에 있던 선배의 생각이지만, 이제는 다른 원칙과 함께 여러 기업에서 사용되고 있다. 아무것도 모르는 사람이 전문가를 보고 흉내 내 장비나 기계를 만지면 그것만큼 위험한 일은 없다. 프로들은 보이지 않는 곳에서 여러 가지로 생각하고 처치를 하는데, 그 과정을 관찰할 수 없는 사람이 자기도 그렇게 할 수 있다고 생각하면 부상을 입는 일이 생기기 때문이다.

'정지하시오'는 기계에 이상이 있을 때에는 무슨 일이 있어도 바로 비상정지 버튼을 누르라는 지시이다. 이상으로 기계가 멈춰버린 경우에는 '아무 작업도 하지 말고 기다리라'는 의미일 때도 있다. 제어판에 표시된 이상상태가 비상정지 조작에 의해 사라져버리는 경우가 있기 때문이다. 그러면 이상상태에 관한 원인 규명에 시간이 걸려 복구도 지연된다. 이 때문에 현재는 표시가 남아있도록 개선되어있는 설비도 증가하고 있다.

또한 현장에서 장시간 이상이 있으면 "비상정지 버튼을 눌러라"라고 지도하고 있지만, 동력 차단 장치가 회로적으로 동일한 기능을 갖고 있기 때문에 동력 차단 버튼을 비상정지 버튼으로 삼고 비상 시 대응을 할 때에도 이것을 누르기로 결정했다.

최근에는 ISO 12100(기계류의 안전성에 관한 규격)도 있어 '동력 차단, 비상정지, 보호정지' 등의 구분이 더욱 명확하게 정리되어있지만, 정지에 대한 보증을 한다는 기본은 크게 바뀌지 않았다. 중요한 것은 정지하는 범위를 명확하게 하는 일인데, 그 때문에 기계 운전 중 접촉 방지를 위해 '사람과 기계의 격리대책'에 관한 기준을 정하고 정지 범위도 확보할 수 있도록 정했다. 또한 현장에서 알 수 있도록 레이아웃(圖)에 정지 범위를 빨간 선으로 명시하고 착각이나 오해를 방지할 수 있도록 했다. 말이란 이해하기 애매한 부분이 있다. 그래서 그 취지를 확실히 전달하기 위해 노력하지 않으면 정확한 행동으로 연결되지 못하고 불편이 발생하기도 하는 것이다.

(5) 정지할 수 없는 작업을 찾아내자

기계가 이상상태인데도 정지하지 않고 계속 작업한 사람이 잘못한 것이라고 결정하는 일은 간단하다. 하지만 정지하지 않고 작업할 수밖에 없었던 그 배경으로 눈을 돌려야 한다. 이상상태의 진짜 원인을 찾아내고 대책을 강구하지 않으면 '정지하지 않은 재해'는 없어지지 않기 때문이다.

예를 들어, 가동률 90퍼센트인 라인이 있다면 1일 10퍼센트는 기계가 정지하고 있는 것이다. 이상상태 외에 다른 이유로 기계가 멈출 수도 있겠지만 아무튼 그동안은 뭔가 처치를 하고 있다고 할 수 있다. 그리고 하루에 동일한 이상이 10회 일어났다고 하면 한 달에 약 200회나 발생한 것이 된다. 만약 처치에 1분, 전후 동력 차단 등으로 5분이 걸린다고 하면, 그 시간은 한 달에 1,200분에 달한다. 이 처치 시간을 생각하면 작업자의 입장에서는 정지시키는 과정을 생략하고 넘어가는 일이 그리 이상한 게 아니다. 따라서 '정지하라'고만 할 것이 아니라 이 현상을 개선해야 한다. 그리고 그렇게 하기 위해서는 문제를 현재화·가시화하지 않으면 안 된다.

도요타자동차에서는 이상처치가 필요한 작업 중에서도 '정지할 수 없는 작업'에 초점을 맞추고 잠재하는 문제를 찾아내 해결하는 활동을 전개했다. 이때 기록해놓은 요점을 살펴보자.

① 잠재하고 있는 모든 문제를 색출하라

잠재하고 있는 문제를 모두 찾아내야 한다. 그러나 대상 작업이 너무 많으면 현장의 태도가 소극적으로 변할 수 있다. 지적당할까 봐, 업무가 늘어날까 봐 염려하여 마음대로 1일 5회 이상 문제가 발생한 작업만 지정하는 등의 처리를 할 수도 있는 것이다. 이런 점에 유의하면서, 잠재적 문제를 모두 찾아내야 한다는 것은 지속적으로 주지하도록 한다.

② 기간을 정해 단계적으로 접근하라

100퍼센트 파악이 이상적이지만 처음부터 100퍼센트만을 고집한다면 얼마 지나지 않아 지친다. 그러므로 기계 대수나 문제 발생 빈도가 많은 경우, 일정 기간을 정해 문제를 색출하라고 권장하고 싶다. 최종적으로 반복하고 또 반복하여 문제를 찾아내는 것이다.

③ 장기적인 안목으로 인내심을 가지고 추진하라

계층별로 대책계획 입안을 하려면 관리자, 감독자나 안전보건담당자가 반드시 입회해야 한다. 이때 기계적으로 대책 실시를 지시하고 문제를 색출한 사람에게만 개선의 책임을 부담시키지 않도록 한다. 이 주의점은 활동을 계속하기 위해 반드시 기억해야 한다. 문제를 현재화한 것도 대책의 일환이라는 사고방식으로 한 발이라도

확실하게 전진하는 태도야말로 현장작업자들에게 공감을 불러일으
킨다. 이런 일은 시간을 들여서 추진하는 것이 중요하다.

(6) 문제 개선으로 설비를 단순화하다

도요타자동차는 철저한 재고 감소로 유명하지만 컨베이어벨트
나 리프트 상에서 대기하고 있는 부품이나 제품은 '표준재고'로 인
정되고 있다. 이것은 기계의 가동 상태를 고려해서, 예를 들어 기계
가 정지해도 다음 공정에 영향을 주지 않기 위해, 생각해낸 개선의
일환이다. 그러나 컨베이어벨트에 걸리거나 낙하 등의 이상이 많이
발생하는 원인이 되어도 정지하지 않고 작업하는 경우가 압도적으
로 많은 설비이기도 하다. 그래서 이것은 안전상에서는 커다란 과
제였고 역사적으로는 좀처럼 바뀌지 않는 오랜 문제점이었다.

그러나 리프트에서 '정지하지 않은 재해'가 발생한 일을 계기로
불필요한 컨베이어벨트나 반송 기계를 없애려고 하는 움직임이 이
어졌다〈도표 7〉. 이에 따라 상하 반송의 폐지나 컨베이어벨트 단축이
이루어졌고, 더욱이 최근에는 로봇을 이용한 이동이나 반송도 증가
하고 있다. 그리고 경량화나 구조 변경에 의한 저출력화의 추진이
소비전력의 저감과 같은 성과로도 이어지고 있다. 이로 인해 걸림

현상도 없어지고 이상처치가 감소했고 재해 또한 줄었다. 부가적인 효과로 생산성이 올라간 것은 말할 것도 없다.

이와 같이 여러 '정지할 수 없는 작업'을 색출해냄으로써 문제가 현재화되고 설비의 개선이 진행되어 'Simple is Best(단순이 최고)'라는 설비 구축의 방향성을 잡을 수 있었다. 또한 이러한 설비의 구축으로 이상처치도 더 쉽게 할 수 있게 되었다. 무슨 일이 있어도 정지할 수 없는 재해를 제거하겠다는 안전보건담당자의 기개와 실천이 생산기술 부문이나 현장작업자들의 개선 혼에 불을 붙였고, 이것이 활동을 계속 추진하는 원천이 되었다고 생각한다.

다음은 도요타자동차의 개선 사례 두 가지이다.

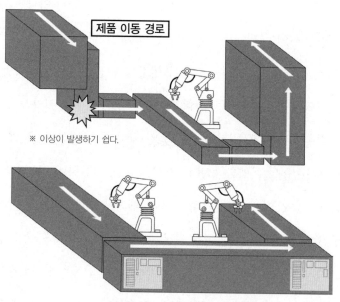

〈도표 7〉 상하 배송에서 평면 배송으로 개선한 사례

① 잔압 처리의 개선

이상이 발생할 경우 기계의 잔류 압력 제거 후에 처치를 하도록 규정화하고 있다. 하지만 자동공정의 컨베이어벨트 상에 제품 제어를 위한 스톱퍼핀 등이 많았고 모든 잔압 처리에 두 시간은 걸리는 경우가 있었다. 이렇게 되면 규정을 지킬 수 없다. 그래서 핀을 부착하는 방법으로 변경하고, 관리자와 담당자가 중심이 되어 회로를 집약하고 잔압 처리가 용이한 통로 쪽으로 기계의 위치를 바꾸는 등의 개선을 이루었다. 그 뒤 잔압 처리를 훨씬 간단하게 할 수 있게 되었다.

본래는 기계를 도입할 때 이와 같은 일을 고려해야 한다. 현재의 경우라면 이것이 리스크 평가가 올바로 수행되었을 때 이루어지는 본질안정화이다.

② 로봇의 원점복귀 간편화

예전에는 로봇이 가동 중에 정지하면 원점복귀 조작에 엄청나게 시간이 걸렸기 때문에 로봇을 멈출 수가 없었다. 로봇 때문에 발생한 재해를 계기로 이런 문제점이 드러났고 그 외에도 로봇과 관련한 불편이 많이 있었다. 그래서 그때까지의 경험과 지혜, 현장에서의 개선 사례, 다른 회사들의 장점을 받아들여 안전기준을 설정했다.

이 일은 당시 생산기술 부문이나 조달부서를 현장에 참여시켜 전개했다. 그리고 그 결과를 당시 납입 실적이 있는 열네 개 회사에 공개하여 모든 협력사와 안전기준을 통일했다. 로봇이 어떤 동작을 하던 중에 정지시켜도 버튼 하나로 원점으로 복귀하는 제어 기능도 추가하여 언제든 안심하고 처치할 수 있게 되었다. 안전수준도 정리되어 향상되었지만, 사실 여러 낭비 요소가 제거되어 회사 전체의 구입 비용이 대폭 감소하는 효과도 있었다.

이것은 안전을 철저하게 추구하면 수익을 올릴 수 있다는 것을 보여주는 좋은 사례이다.

(7) 생명카드와 록아웃에 대해 알아보자

이상처치자가 기계 속으로 들어가서 작업할 때의 안전을 확보하는 일도 중요하다. 아직 안전장치가 불충분하던 시대에는 '스위치를 켜지 마시오'라고 쓴 카드를 스위치에 걸어 다른 사람이 함부로 또는 오해로 전원을 켜지 않도록 했다. 이것은 목숨을 지켜달라고 부탁하는 카드라고 하여 '생명카드'라고 불렀다. 카드에는 얼굴 사진과 전화번호가 나와 있었는데, 그때는 그것을 자기 자신의 분신이라는 의식을 키우며 엄격하게 관리했다.

예를 들어, 누군가 기계에 조치를 취한 뒤 거기 카드를 걸어둔 채 그냥 갔다면, 그걸 봤어도 떼어내서는 안 된다. 그리고 카드를 두고 간 사람은 퇴근을 하다가도 되돌아와서 자기 카드를 직접 떼내야 했다. 이 카드의 활용은 성선설에 입각한 것으로, 누군가 멋대로 카드를 떼면 아무 의미도 없어지고 만다는 결점이 있었다. 그러나 안전장치가 아직 불충분하던 시대였던 만큼, 카드활동은 상당한 시간을 투입해서 철저하게 추진했다.

그 후 기계의 동력 차단 수단으로 안전플러그의 설치가 논의됐다. 당시 우리 안전보건담당자들은 (생명카드가 있기는 하지만) 고용주 측에서 정지 장치를 제공할 의무가 있다고 회사에 호소했다. 결국 모든 설비에 정지 상태를 보증하는 안전플러그를 설치할 수 있었다.

이 당시, 실제로는 더욱 수준을 향상하기 위해 미국, 유럽 등에서 사용하던 록아웃(Lockout: 동력 스위치 등에 시건장치를 하여 기동할 수 없도록 하는 것)〈사진 3〉을 도입하자고 제안했지만, 플러그가 없는

〈사진 3〉 록아웃의 사례

기계를 없애는 일이 우선이라고 판단하여 철회했다. 지금 돌이켜보면, 그 단계에서 록아웃을 실시했다면 그 후의 재해는 막을 수 있었을 것이라는 생각이 들어 후회가 남는다.

현재는 더욱 확실한 정지 상태를 확보하기 위해 록아웃을 실시하는 것이 당연한 시대가 되었다. 그러한 의미에서 록아웃의 제안이 10년만 빨랐다면 더 좋았을 것이다.

(8) 표준서는 만들고 끝나는 것이 아니다

일단 표준을 결정하고 나면, 표준은 교육이나 훈련과 한 세트라고 생각하고 철저히 지키려는 노력을 해야 한다. "상대에게 실제로 보여주고, 정확하게 설명하고 듣게 하며, 상대를 이해시키고 실제로 실행하게 하고, 칭찬하고 인정해야 한다. 이 네 가지를 통해 '인간 존중'을 실천할 때 비로소 인간은 움직이기 시작한다." 나는 야마모토 이소로쿠[1]가 남긴 이 명언을 항상 가슴에 품고 있다. 자신이 할 수 없는 것을 부하에게 보여주기란 불가능하다. 관리자나 안전보건 담당자란 솔선수범하고 모범을 보여야 하는 입장에 있다.

---

1 야마모토 이소로쿠(山本 五十六: 1884~1943)는 제2차 세계대전 당시 일본의 해군대장으로 해군항공대 육성과 합리적인 판단력으로 잘 알려진 인물이다. -옮긴이

내가 소속했던 크레인 회사의 안전 순회점검은 기본적으로, 중대한 재해와 관련한 규정 위반 시에 즉각 작업을 정지하는 일 외에는 주로 바른 행동을 찾아 칭찬하는 일을 했다. 이 때문에 순회점검 보고서의 80~90퍼센트는 칭찬하는 내용으로 되어있었다.

사람을 육성하려면 '세 번 칭찬하고 한 번 꾸짖으라'고 한다. 칭찬은 상대의 행동을 항상 관찰해야만 할 수 있으며, 작은 변화를 놓치지 않고 시의적절한 시점에서 하면 한층 효과적이다. 순회점검에서는 표준의 배경에 대해 설명하고 현지현물로 교육을 행한다. 그리고 상대의 마음을 울리는 교육을 해야 살아있는 표준이 된다. 표준은 문서화로 끝나는 것이 아니라 현장에서 교육과 솔선수범으로 실천할 때 그 의미가 있는 것이다.

(9) 표준은 100퍼센트 지킬 수 없다

기업의 재해대책이 실패하면 그 원인이 표준을 지키지 않았기 때문이라는 내용만 담은 보고서가 나오는 경우가 많다. 내가 보기에 이것은 '한 인간이 나쁘다'는 식의 원인 분석이다. 확실히 표준을 지키지 않는 것은 나쁘다. 그러나 그것을 비난하기보다는 표준 준수를 하지 않은 이유가 무엇인지 WHY 5분석("왜?"를 다섯 번 반복하는 질문법이다. 133페이지를 참조한다)을 통해 알아야 한다.

현장은 살아있어서 사람도 상황도 매일 변화한다. '목표가 지켜지지 않는 경우도, 지켜지기 어려운 경우도 있다'는 것을 전제로, 이에 대한 사전 고려와 대책 수립 여부를 따져볼 때 관리자 측의 문제가 더 큰 경우가 많다. 평소에 관리자는 아무것도 하지 않았는데 재해 발생 시 부상당한 사람만 책임 추궁을 당한다면, 모두 진정성을 가지고 안전유지에 참여하는 분위기는 조성될 수 없을 것이다.

그러므로 현장에서 표준이 지켜질 것이라고 기대를 하기보다는 표준이 지켜질 수 있는 환경을 만들어야 한다. 다음에 이런 환경 만들기의 중요성을 보여주는 예를 소개한다.

에어실린더가 중도에 멈출 때 버튼 조작으로 되돌아오지 않으면 동력원을 차단하고 에어를 빼고 처치하게 되어있다. 하지만 동력원을 차단하는 것을 생략하고 에어밸브를 잠가(금지 작업) 처치하는 경우가 있다. 이렇게 에어실린더가 멈추는 이상이 매일 몇 십 회나 발생하고 동일한 처치를 반복하고 있다면, 위의 경우와 같이 표준을 지키지 않고 있다고 생각해도 좋다. 특히, 작업과 관계 없는데도 현장에 용접봉 등이 놓여있으면 의심해볼 필요가 있다. 이런 때에는 관리자가 현장의 표준 준수 여부를 점검하고 지도해야 한다.

현장에서 작업 상태로 복귀하기 위해 에어밸브를 강제 조작(돌발 작업) 하는 기계를 조사한 결과, 돌발 작업 없이 버튼 조작만으로도 복귀가 가능한 것이 90퍼센트나 되었다. 그럼에도 동력원을 끊지 않고 복귀시키는 것이 프로라고 여기는 나쁜 습관에서 벗어나지 못하고, 돌발 작업이 금지 작업인데도 되풀이해온 것이다. 결국 그 조사 후에 나머지 10퍼센트의 기계도 버튼 조작으로 처치를 할 수 있도록 회로를 개조했다.

(10) '지킬 수 없는' 작업과 '지키기 어려운' 작업을 가려내라

앞에서 언급했듯이 어떤 표준이라도 지킬 수 없거나 지키기 어려운 경우가 발생할 수 있다. 이럴 때에 해당 문제를 색출하여 개선하는 것이 진일보된 안전보건활동이다.

문제 색출활동의 주의점으로는 ① 제안 내용을 부정하지 않을 것 ② 제안자를 추궁하지 않을 것 ③ 대책에서 벗어날 것(문제 색출 시 대책부터 생각하게 되면, 대책 마련이 어려운 경우 문제로 인식되지 않을 가능성이 높기 때문이다) 등이 있다.

또 현장에서 나오는 정보에는 그 배경에 또 다른 정보가 감춰져 있는 경우가 있다. 프로 의식이 강한 보전담당자 등은 이에 대해 보고하는 것을 수치로 여기는 사람도 있다. 또 지적받는 것을 두려워하는 경우도 있다. 그러므로 관리자, 감독자의 경험과 폭넓은 지식으로 숨겨진 정보를 현재화하는 운영을 해야 한다〈도표 8〉.

우선은 철저하게 문제를 찾아 해결하는 활동을 펴는 것이 중요하다. 그런 다음 계층별로 대책의 중점을 결정하고 훈련으로 연계한다. 그러면 결과적으로, 누구나 의견 개진을 할 수 있고 의사소통이 잘되는 표준을 지키는 현장이 만들어진다.

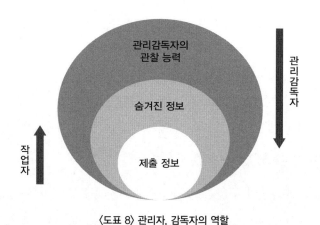

〈도표 8〉 관리자, 감독자의 역할

제4장

커뮤니케이션, 순회점검, 그리고 안전보건위원회

1. 커뮤니케이션과 순회점검

(1) 마음이 통해야 한다

커뮤니케이션은 상대방에 대한 신뢰가 기본이고, 이 기본이 없으면 성립되지 않는다. 그러나 서로 다른 생각을 가진 사람들이 모여 있는 곳이 직장이다. 안전보건활동은 진심 어린 활동을 하지 않으면 성과로 연결되지 않기 때문에, 서로에 대한 믿음이 쌓이고 마음이 통할 때까지 시간과 노력을 들여야 한다.

안전보건활동을 잘 활용하면 커뮤니케이션도 전반적으로 좋은 방향으로 나아간다. 그러나 인간존중, 안전제일이라고 말은 하지만 현장의 실태는 생산제일, 품질제일, 원가제일이 되는 경우도 적지 않다. 그러므로 작업을 하는 사람에게 안심감이 전달되지 않으면 안전제일도 의미 없는 구호일 뿐이고, 안전보건활동에 의한 커뮤니케이션 향상은 기대할 수 없다는 것을 기억해야 한다.

가장 나쁜 예는 "안전은 중요하다"라고 말하면서 상사의 시선으로 결과 중시의 업무를 하는 직제다. 작업을 하는 사람들은 관리감독자나 안전보건담당자가 어떤 부분을 관심 있게 보는지 곧 알아차리는 능력을 갖고 있다. 그러므로 현장의 시선으로 볼 줄 알아야 현장과의 커뮤니케이션을 생각할 수 있는 것이다. 먼저 안전확보를 위해 진심 어린 활동을 하겠다는 강한 의지를 갖는다면 반드시 마음은 통한다고 믿는다.

① 우선 상대의 고통을 알아야 한다

"커뮤니케이션은 상대의 고통을 아는 데서 시작한다"라는 말이 있다. 사람은 가족의 일, 동료의 일, 장래에 대한 불안 등 타인에게 말할 수 없는 걱정거리를 안고 있다. 그러한 것들이 행동에 반영되어 불안전한 움직임으로 나타나기도 하고 교통사고로 연결되기도 한다. 언제나 배려하는 일부터 시작했으면 한다. 이와 관련하여 좋은 사례 두 가지를 소개한다.

1) 매일 아침 열리는 회의에서 그룹상호관찰방식[2]으로 외관부터 관찰하는데, 밝지 못한 얼굴을 하고 있는 사람을 발견할 수 있

---

2 그룹 상호관찰방식은 능력개발 방식의 하나로 그룹활동을 중심으로 상대 그룹의 활동 상태를 관찰하고, 그 결과를 상호 피드백하여 그룹활동이나 커뮤니케이션의 파악 능력을 높이는 기법이다. ―옮긴이

었다. 상사가 그에게 말을 건넸다.

상사 : 무슨 일이 있었습니까? 얼굴색이 안 좋아 보입니다.

직원 : 어제 고객의 작업장에서 돌발 사고(설비 고장)가 생겨
한밤중까지 수리를 하느라 잠을 제대로 못 잤습니다.

상사 : 아, 그랬습니까? 수고했습니다. 아침 보고가 끝나면
돌아가서 눈을 좀 붙이세요.

이 대화 후에 직원의 일굴은 한결 편안해졌다.

2) 아침에 열리는 관리자들의 직제회의에서 불안해하던 사람이 있
었다. 간부가 그것을 눈치채고 물었다.

간부 1 : 무슨 일 있습니까?

간부 2 : 실은 오늘 외동딸의 초등학교 입학식이라서……

간부 1 : 빨리 다녀오세요! 업무 명령입니다.

간부 2 : 그래도 괜찮겠습니까?

잠시 망설이던 그는 곧바로 돌아가 입학식에 늦지 않게 참석했고,
이에 부인과 아이들은 가족을 중요시하는 회사라고 고마워했다.
회의나 일은 일정 조정을 할 수 있는 경우도 있지만, 자녀의 입학식
처럼 일생에 단 한 번뿐인 일은 놓치면 되돌릴 수가 없다. 가정사를
가끔 양해해줘야 한다는 의견에 대해 찬반양론이 있지만, 가정을

소중하게 생각하지 않는 사람이 부하를 소중하게 생각한다고 보기는 어렵다. 그 일이 있은 후에 이들은 커뮤니케이션이 더 잘 이루어지는 관계가 되었다.

상사로부터 받은 인정이나 관심은 성취감으로 연결되고, 그 다음엔 의욕으로도 나타난다. 상사의 기대가 피그말리온 효과[3]를 낳는 것이다. 그러므로 평소 부하 직원이나 동료의 행동에 관심을 갖고 '마음의 동요'를 읽으려고 노력해야 한다. 결코 영합을 하라는 말이 아니다. 서로의 가슴속에 담고 있는 생각과 감정들을 나누어 함께 성장한다는 생각이 들면 인간관계가 호전되어 신뢰감이 높아진다. 그렇기 때문에 이런 노력이 중요하다는 것이다.

② 작은 목소리로 건넨 말이 큰 성과를 낳는다

사람의 성격은 천차만별이다. 특히 나이를 먹으면 누구라도 자기 생각이 강해진다. 어떤 변화를 알아차려도 '나만 괜찮으면 되지,' '말하기 어려운 상대니까 넘어가지 뭐,' '친한데 괜한 소리로 미움받기 싫어' 등 부정적인 생각을 하고 "그냥 괜찮겠지……"라며 말하지 않는 경우도 많다.

그러나 안전에 관해서 이런 생각을 한다면 애처로운 사람이 돼버

---

3 피그말리온 효과(Pygmalion Effect)는 교육심리학에 등장하는 심리적 행동의 하나로, 교사의 기대에 의해 학습자의 성적이 향상하는 효과를 말한다.

린다. 대기업의 사고·재해가 세상을 떠들썩하게 하며 매스컴에 보도된 뒤에 여러 가지 문제가 표면화되는 일이 있는데, 그것이 좋은 예라고 할 수 있다.

앞 장에서 큰 사고나 재해가 발생하기 전에는 다섯 가지 정도의 징후가 나타난다고 설명했다. 그 하나라도 알아차려 처치를 하고 쓴소리를 하는 것만으로도 충분한 대책이 되는 경우도 있다.

'사고회로의 우회'라는 말을 들은 적이 있다〈도표 9〉. 가족의 질병이나 자녀들의 진학 문제 등 가족에 대한 걱정이 있으면, 그런 근심이 마음에 걸린 상태에서 일을 하게 되어 실수를 하기 쉽다(이런 심적 문제는 교통사고의 가장 큰 요인이 된다고 알려져 있다). 우회로 A의 깊이가 깊을수록 원래의 상태로 돌아가는 것이 어렵기 때문에, 초기

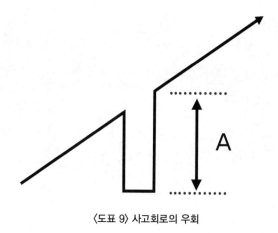

〈도표 9〉 사고회로의 우회

단계에서 빨리 원래로 되돌아가는 것이 중요하다.

전에, 야근으로 사고가 많았던 한 공장에서 재해가 감소한 적이 있었다. 어떻게 된 것인지 조사를 해보니, 새벽 4시부터 5시(이때는 고속도로 사고가 가장 많은 시간대이기도 하다) 사이에 관리자가 작업장을 걸으면서 작업자들에게 말을 건네고 있었다. 사람은 집중력이 떨어지다가도 누군가 말을 걸면 곧 정신이 든다. 이 공장의 사례는 작은 목소리로 말을 거는 일이 커다란 성과로 나타난다는 것을 잘 보여준다.

이런 예를 통해서도 말을 건네는 일의 중요성을 알 수 있다. 이것은 비용과 관계없이 중소기업에서도 가능한 활동이므로 당장 실천으로 옮겨도 좋을 것이다.

(2) 인사가 모든 일의 시작이다

일본에는 아침, 점심, 저녁 등 때에 맞는 인사말(오하이요우, 곤니치와, 곤방와)과 고마울 때(아리카토고자이마스), 실례를 범하거나 주의를 환기할 할 때(시츠레이시마스) 쓰는 말 등 훌륭한 인사말이 있다. 이런 인사말이 커뮤니케이션의 기본이 된다.

예전에 부하가 "안녕하세요?"라고 해도 인사를 받지 않는 관리자가 있었다. 부하는 '저 사람 대체 뭐야?'라고 생각한 적도 있을 것이다. 남의 인사를 무시하는 일이 자기 지위가 높다는 과시인지 무엇인지 그 진의는 결코 알 수 없었다. 하지만 솔선수범해야 할 윗사람이 기본의 중요성을 가르치지 않는데 그의 부하들이 좋은 팀이 될 리가 없다. 역시 사업장의 분위기도 좋지 않았다.

또 인사를 하지 않는 조직도 있었다. 그런 조직이 고객에게 믿음을 줄 수는 없다고 생각하고 인사를 하지 않는 사람, 할 수 없는 사람은 퇴사하라고 선언했다. 물론 솔선수범하여 인사하기 운동도 시작했다. 그러자 인사를 하는 일이 당연하다고 받아들이는 직원들도 많아졌고, 점점 참여자가 많아져 으레 인사를 나누는 회사가 되었다.

언젠가 중견 사원이 이렇게 보고한 적이 있었다. "오늘 고객과 만났는데, 우리 회사가 인사를 확실하게 해서 기분이 좋다고 칭찬을 했습니다." 그는 이어 "인사는 당연한 것인데요!"라고 말했다. 하지만 불과 몇 년 전만 해도 그런 인사를 하지 않았다는 점을 생각하면 현격하게 진보한 것이다. 이렇듯 상사가 모범을 보이며 좋은 습관을 굳히게 한 일은 의의가 크다.

물론 인사만으로 모든 일이 되는 것은 아니다. 하지만 기본 행동 하나하나가 확실하게 지켜져야 서로에게 말을 건네는 일, 즉 커뮤니케이션도 이루어지고 모든 일이 잘된다. 고객은 2S(정리, 정돈)도 잘하는 회사라고 평가한 데 더해 '이런 회사는 품질도 확실하다'라고 생각할 것이다. 그러면 회사의 일이 많아지고 직원들은 일할 의욕을 갖게 된다. 인사가 이런 선순환을 만드는 시작이 되는 것은 말할 필요도 없다.

직원 개개인이 사람으로서 사회인으로서 성장하지 않으면 기업 역시 성장할 수 없다. 직원 하나하나의 실천으로 이루어지는 인사하기와 2S가 잘되면 회사의 커뮤니케이션도 잘되고, 그 회사는 성장할 것이다.

(3) 지적에서 지도로 나가자

　안전보건 순회점검은 인재(人財)를 육성하는 데 있어 매우 중요한 활동이다. 그런데 이 활동은 말을 건네는 방법 하나로 결과가 크게 달라진다. 오래된 이야기지만, 안전보건협력회 같은 조직의 설립 초기에는 순회점검이 있으면 지적당하지 않으려고 일을 중단하고 휴식을 취했다. 본말이 전도된 것이다. 순회점검도 말로만 지적하고 가는 정도였고, 지적 건수를 늘리는 데 치중해서 마음에 와 닿는 활동과는 거리가 있었다. 하지만 순회점검이 없으면 규칙을 준수하지 않을 가능성이 높고, 오히려 마음의 동요가 생겨서 불안전한 행동으로 이어질 수 있다.

　현재는 순회점검의 수준이 높아졌다. 물론 여전히 지적하는 일도 중요하다. 하지만 여기에 그치지 않고 지적의 이유, 규칙 결정의 배경 등을 과거 재해의 실례나 배경과 교차시켜 그 작업에 맞게 설명해야 한다. 그래야 작업자가 납득할 수 있고 '내가 다치지 않는다, 동료를 다치게 하지 않는다. 내 가족을 위해서 안전하게 작업한다'는 원칙을 확실하게 받아들일 수 있다.

　그러므로 안전보건담당자는 과거 재해 사례의 교훈이나 규칙의 배경을 확실하게 익혀놓아야 한다. 또 세간에서 일어나는 사고나 사회의 움직임 등 신변에 있는 사례를 작업에 결부해 주의를 환기시키기 위해 연구하는 일도 커뮤니케이션의 단면으로서 중요하다. 안전보건담당자는 사람을 인재(人財)로 육성하는 중요한 역할과 지혜를 모으고 전승(伝承)하는 중요한 업무를 담당하고 있다는 사실을 자각해야 한다.

(4) 흔들리지 않는 기준을 세워라

지금까지 기본 행동이나 기본 동작을 항상 공유화하면 좋다는 설명을 되풀이했다. 기본을 지키는 풍토가 마련되면 그렇게까지 커다란 재해는 일어나지 않는다. 그러므로 작업자들이 무리한 일이나 어려운 일을 하고 있지 않는지 항상 현장을 살피고 관찰하여 작업의 과제를 발견하고 이야기해야 한다.

작업자는 언제나 반복되는 일상적인 작업을 하고 있어서 위화감을 느끼지 못할지라도 외부에서 보면 위험한 요소가 잠재하고 있는 경우가 있다. 이러한 관점은 리스크 평가에도 반영할 수 있으며 개선의 소재도 된다. 모두 함께 지혜를 모아 '무리한 일'이나 '어려운 점'을 개선하면 무리 없이 일이 진행된다. 결과적으로, 안전한 환경이 마련되면 일의 질이 향상되어 부상 사고가 사라지는 것이다.

현지현물은 (자기 나름의) 답을 가지고 현장에 가는 것이라고 앞서 몇 차례에 걸쳐 소개했다. 그런데 주제를 좁혀 '이대로 좋은가,' '위험한 작업이 있지는 않는가' 등의 질문을 상정하고 현장에 가면 (머릿속에 그린 이상적인 환경과의) 차이를 발견할 수 있어 대화의 계기가 되기도 한다. 상사나 안전보건담당자들은 이러한 활동을 함께 함으로써 서로 입장을 이해하고 진정한 안전보건활동을 할 수 있다.

여기까지 오면, 커뮤니케이션 등은 말할 필요도 없이 자연스럽게 좋은 방향으로 흘러 향상된다. 내 경험에 근거한 주장이지만, 이러한 활동에서 활력 있는 사람과 활력 있는 직장이 만들어지는 것이다. 그리고 활력 있는 직장에서는 사고가 일어날 확률이 매우 적다.

(5) 감독자는 남을 일깨우는 사람이다

감독자는 일깨움을 주는 사람이라는 말이 있는데,[4] 좋은 말이라고 생각한다. 그런데 이 말은 관리자나 안전보건담당자에게도 비슷하게 적용된다.

지식이 없는 사람은 의식을 형성할 수 없고 행동하기도 힘들다.

---

4 "감독은 선수가 어떤 장소에서 살아 돌아올지 일깨워주는 역할을 해야 한다." 일본 야쿠르트 야구팀의 감독을 맡았던 노무라 가츠야(野村 克也)가 한 말이다. -옮긴이

그러므로 먼저 지식을 쌓게 하는 단계로서, 작업을 시작하기 전에 각종 일반·특별 교육 등을 통해 확실하게 가르쳐야 한다. 그리고 실무에서 의식화와 행동의 필요성을 가르쳐나가야 한다.

제1장에서도 설명했지만 교육을 할 때 강사가 자신이 알고 있는 지식을 모두 쏟아내서 교육생 머리에 넣으려고 해서는 안 된다. 그런 '주입식 교사'가 된다면 교육생의 성장은 기대하기 어렵다. 나는 질문을 받으면 대답에 30퍼센트의 지식과 방향성을 제시하고 나머지는 본인이 생각하게 하여 사고력을 기르도록 한다. 관리자나 감독자, 안전보건담당자는 '일깨워주는 일'을 하는 사람이므로 기다릴 줄 알아야 하는 것이다.

이렇게 '질문을 이용한 관리'를 실시하여 교육생을 일깨워주고 생각하게 하도록 한다. 사람이 머리와 육체를 사용하고 노력하면 그것이 피가 되고 살이 된다. 그런 식으로 일단 몸에 밴 지식이나 행동은 유사시에도 정확하게 발휘될 수 있다. 이런 교육은 급할수록 돌아가라는 사고방식이 기본이 된 것으로, 좋은 습관으로 남는 훈련도 된다.

안전보건담당자는 이런 커뮤니케이션의 계기를 만드는 일들을 많이 해야 한다. 이런 이유로 안전보건활동이 커뮤니케이션 활성화에 좋은 도구가 되기도 한다. 그리고 마지막으로, 커뮤니케이션의 기본으로서 언제 어디서나 미소를 잃지 않는 것이 중요하다.

(6) 커뮤니케이션은 雙방향으로 진행하자

내 경험에 의하면, 직장진단 결과를 분석했을 때 커뮤니케이션이 잘되는 직장에서는 재해 발생이 적었다.

한 방향으로만 진행된 커뮤니케이션이 원인이 되어 현장의 베테랑 직장(職長)이 기계에 끼이는 재해가 일어난 적이 있었다. 재해가 일어난 곳은 평소 안전보건활동을 꼼꼼하게 하는 공장이었다. 그래서 이상 발생 시의 처치표준서도 제대로 갖추고 있었고, 상사로부터 자체 현장점검 확인 도장도 확실히 받아놓고 있었다. 그러나 쵸코정(빈발정지)이 자주 발생하자 베테랑 직장이 동력을 차단하지 않고 기계 안으로 들어가 처치를 했고, 그때 몸이 끼여버리고 만 것이다. 문제 보고를 하면 뒤따를 개선 작업이 귀찮기도 하고, 기계를 잘 아는 자신이 처치하면 쉬울 것이라고 판단하고 작업을 계속한 결과였다. 그런데 이 문제의 대책은 생각보다 간단한 것이었다. 부하(베테랑 직장)가 올린 정보만으로 상황 판단을 해온 관리자의 관리 책임을 중요하게 인식하고 '일방통행 커뮤니케이션'을 과제로 삼은 것이다.

또 언젠가 보전 작업(保全 作業)에서 큰 사고가 난 적이 있었다. 과거에 같은 현상이 있었는지 조사해보니, 부착 불량 등으로 부품이 빠진 예는 찾아볼 수 없었다. 그러나 여기서 그쳤다면 역시 일방적 커뮤니케이션에 머물고 말았을 것이다. 베테랑 한 사람 한 사람에게 "옛날에 나도 경험했습니다"라고 설득하며 마음을 열고 귀를 기울이면 "실은⋯⋯"이라면서 말을 시작하기 때문이다. 그리고 결과적으로 한 가지 주제에 관한 중대한 아차 사고들이 50퍼센트 이상 현재화된다. 프로 집단은 어지간해서는 자신들의 실패를 가지고 아차 사고 예방 제안을 하지 않는다고 생각해도 무방하다.

사전에 정보를 가지고 일반론이나 자신의 경험을 말하면, 상대는 "그런 것까지 알고 있습니까?" "들어주신다면 말하지요" 등으로 시작해 놀라울 정도로 많은 정보를 얻을 수 있는 이야기를 하기도 한다. 신뢰의 관계로 대화를 할 수 있는지 없는지는 사전의 준비에 따라 달라지는 것이다. 또 대화를 할 때에는 적극적인 경청법도 필요하다.

한때 "보고 배워라!"라고 호통치며 가르쳤던 시대가 있었다. 그때의 교육자가 지금 다시 교육에 나선다면 옛날과 똑같이 할 수는 없을 것이다. 지금은 높은 직책을 가진 사람이 작업자에게 눈높이를 맞추고 업무에 대해 말하는 시대가 되고 있다. 그래서 도요타자동차에서는 '상(相)방향 커뮤니케이션'의 중요성을 제창했다. 상대의 입장을 생각하고 눈높이를 맞추자는 의지를 담아 굳이 '상대'의 상(相)자를 사용한 것이다. 이것이 의외로 히트하여 7만 명 조직의 제일선까지 전례 없이 빨리 퍼져 기획했던 나 자신도 놀랐던 적이 있다. 이것은 모두가 이 문제를 진지하게 생각하고 있었기 때문이 아닐까 한다.

(7) 거대한 축적도 첫 한 줌에서 시작된다

상대방과 대화를 잘하는 대화력은 빠른 시간에 향상되는 것이 아니다. 사람은 태어나서 자라온 환경에 따라 판단력이 양성되기 때문에 같은 언어를 사용해도 판단이 다르다. 그러므로 먼저 그 차이를 이해하는 것이 대화의 시작이다.

내가 소속했던 크레인 회사에서는 신입 사원 연수에서 먼저 자신을 표현하는 것이 얼마나 중요한지 가르친다. 본디부터 저마다 성격도 생각도 다르다는 사실을 전제하면, 앞으로 같은 직장에서 일하기 위해서는 그때부터 서로에 대한 경험을 축적해야 하기 때문이다. 그리고 그 첫걸음은 자기를 표현하는 데서 시작한다. 미래의 회사상이나 각자의 모습, 꿈 등의 주제로 토론하며, 그러는 중에 서로의 성격이나 사고방식을 알 수 있도록 한다.

전에 어떤 경력을 쌓았든 입사 후 3년이 기초를 닦는 데 매우 중요한 시기라고 생각한다. 그때 엄하면서도 따뜻하게 지도하는 등 신입 사원을 '보살피는' 좋은 직장 환경이 좋은 사람을 만든다. 그 시기의 육성 방법에 따라 그 뒤의 성장이 완전히 다른 경우를 많이 보았다.

이런 이유로 크레인 회사에서는 신입 사원 연수 후에 사후 점검 활동으로서 연수 노트 기록을 의무화했다. 연수 노트에는 매일 경험한 것, 배운 것, 반성, 때로는 사생활에 대해 쓰도록 지도했다. 거기에 선배가 조언을 기록하면, 그다음엔 부장, 과장을 경유해서 나에게까지 오도록 했다. 나는 연수 노트를 돌려주기 전에 꼭 개개인에게 알맞은 말을 메모해주었다. 이 활동은 반년 동안 계속되었는데, 커뮤니케이션의 계기를 만드는 데 도움이 되기도 했고 신입들의 문장 표현력을 향상시키는 효과도 있었다.

신입 사원 연수에서 이야기하는 '쌓아가는 마음'은 하나씩 경험을 쌓아가는 일의 중요성을 표현한 말이다. 중요한 것은 이 축적의 첫 한 줌이 되는 시작을 어떻게 하느냐이다.

(8) 효과적인 순회점검 방법은 무엇일까?

_정점관찰과 상호관찰

관리자(職制)로서 현장 순회점검은 당연히 해야 하는 일이다. 그때 주의를 환기시키며 작업자에게 말을 건네는 방법이나, 효과적으로 작업장을 관찰하는 방법을 알아보자.

먼저 이상이 많은 기계나 불안전한 행동이 많은 사람, 신입 사원 등 중점적으로 주의를 기울여야 할 장소와 사람을 설정한다. 그다음 모두 매일 같은 시간대에 순회할 것인지, 계획에 따라 순차적으로 전체를 순회할 것인지 결정한다. 순회에 나서서는 한 장소에서 최저 30분 정도 작업자의 모습과 기계의 작동을 관찰해야 한다. 그러면 작업자가 자연스럽게 작업하는지 기계가 이상 없이 작동하는지 판단이 된다. 제대로 되고 있다면 반드시 "정말 잘 돌아가고 있네요. 계속 부탁합니다"라고 칭찬을 한다. 만일 어색한 동작이나 표준이 지켜지지 않는 경우가 있다면 정확한 방법을 확실하게 지도한다. 순회의 결과는 좋든 나쁘든 상사(직장 등)에게 보고하고 격려하는 것이 좋다.

사실, 이런 결과 보고와 공유가 좀처럼 잘 안 되는 경우가 많다. 하지만 정확하게 작업하고 있어도 아무도 확인하러 오지 않는다면, 확인하지 않을 때 대충대충 하자는 마음이 생길 수 있다. 그래서 칭찬으로 말을 건네는 것이 좋고 그 효과도 큰 것이다.

이런 정점관찰 외에, 성과를 올리는 또 다른 방법으로는 상호관찰이 있다. 작업자와 감독자가 교대하여 작업을 하고, 작업자로부터 장점과 차이점 등의 의견을 듣는 것이다. 사람은 자기 자신의 모습은 볼 수 없지만, 다른 사람의 동작을 관찰함으로써 자신과의 차이를 알 수 있다.

상호관찰을 하면 작업자나 감독자가 관찰 내용에 대해 발언함으로써 자신도 규칙을 지켜야 한다는 의식을 갖게 된다. 또 관리감독자가 작업자의 발언에서 평소에는 알 수 없었던 것을 알 수 있는 기회도 된다.

한편, 참여할 팀을 조직하고 다른 직장의 사람들을 데려와 관찰하게 해도 같은 효과를 얻을 수 있다. 이 활동을 하면 그 뒤부터 작업자들과 대화 키워드를 공유하게 되고 커뮤니케이션이 쉬워질 것이다.

(9) 작업표준과 현장관찰에 대해 알아보자

규칙은 지킬 것은 지키게 한다는 것이 전제이다. 기업에게 작업표준은 과거의 지혜와 경험의 축적으로 이룬 재산이다. 작업표준서는 작업자를 가르치는 데 효과적인 교재이지만, 한 번 교육이 끝나면 책상 속에서 잠자게 되는 경우가 많다. 그러나 현장은 살아 있는 생물체라서 표준이 전부 지켜지지 못하는 상황도 생긴다. 그래서 작업표준서를 정기적으로 재검토할 필요가 있는 것이다.

나는 현장관찰·순회점검을 할 때 작업표준서와 실제의 작업을 비교하는 방법을 사용해왔다. 한 번에 한 건도 좋다. 매일 이런 방법을 계속하면 연간으로 환산했을 때 많은 양의 재검토를 할 수 있다. 그때 감독자나 작업자가 하기 어려운 것, 곤란한 것, 지키기 어려운 것 등을 알아내 개선의 소재를 얻을 수도 있다. 우선은 작업표준서에 추가로 기입해놓아도 좋다. 물론 시간이 급박한 경우에는 바로 수정해서 배포해야 하지만, 그렇지 않다면 단락별로 정리해서 수정하는 것도 좋은 방법이다. 한번 세부 내용을 결정한 후에 영원히 사용할 수 있는 작업표준서 같은 것은 존재하지 않는다. 현장에서는 항상 개선을 실시하고, 그것을 반영하는 일이 중요한 것이다.

도요타자동차에서는 '추가 기입 내용이 없는 것은 작업표준서가 아니다(컴퓨터 파일에 기록된 내용은 쓸모가 없다)'라고 가르쳐왔다. 이 같은 점을 참고해 효과적인 현장관찰을 하기 바란다.

(10) KYM · TBM과 중점 주제 설정에 대해 알아보자

현장에서는 KYM(Kiken Yochi Meeting: 위험예지 미팅. 160페이지 각주 참고)이나 TBM(Tool Box Meeting: 위험예지활동)을 거의 100퍼센트 실시하고 있다. 이것은 순회점검의 중요한 확인 사항이 된다.

순회점검에서 KYM을 하는 경우에는 대개 그 체크 항목에 동그라미(O)가 그려진 경우가 많다. 그러나 크레인 회사에서는 아침 KYM 외에 10시, 12시, 15시 등의 휴식시간에도 그 뒤부터 할 두 시간의 작업 중 가장 위험한 작업이나 주의해야 할 작업이 무엇인지 물었다. 그리고 단 하나라도 좋으니 작업자 전원에게 정보를 공유하도록 지시했다. 순회점검에서 "현재 시간대에 가장 주의하고 있는 작업은 무엇입니까?"라고 묻기도 했다. 그리고 그때 작업자부터 작업책임자까지 같은 답을 해야 체크 항목이 동그라미가 되었다.

현장은 살아있고, 작업 조건은 늘 변화한다. 이런 점을 항상 확인할 수 있다면 안전에 관한 감성이 증가하고 구체적인 행동을 하게 될 것이라고 생각한다.

2. 안전보건위원회

(1) 위원회는 지식과 의식을 공유하는 장이다

'안전보건위원회나 안전(보건)회의 활성화'는 안전보건담당자가 언제나 높은 관심을 갖는 주제일 것이다. 안전보건위원회(이하 위원회)의 설치가 산업안전보건법으로 정해져 있는 것은 안전보건이 기업 운영의 기본적인 활동이기 때문이라고 생각한다. 우리 안전보건담당자는 이 장(場)을 살리는 큰 역할을 해야 하는 것이다.

위원회가 열리면 먼저 기본적인 사고를 확인한다. 최고경영자의 정책을 반복하여 제시하는 것이 전제이다. 그다음 회사나 부서의 방향성을 공유화한다. 위원회의 의제는 산업안전보건법에 정해져 있지만, 매회는 아니고 연중에 논의해나갈 항목으로 볼 수 있다. 의제를 한 번에 많이 다루면, 시간이 낭비되고 내용 심의가 제대로 이루어지지 않으며 나아가서는 출석자의 참가 의욕도 저하된다.

나는 위원회에서 ① 정례 보고(목표와 결과), ② 월간활동 주제와 관련한 진척 상황과 과제·정보·지식의 공유, ③ 관리자 등의 열정에 대한 이야기, ④ 의장(총괄안전보건관리자 등)의 이야기로 약 4분의 1 정도의 시간을 설정했다. 특히 명심해야 할 것은 안전보건활동을 통해서 어떠한 생각을 갖게 되었는가에 대해 서로 이야기하는 것이다. 이것은 사람·기업인·사회인으로서의 성장을 촉구하는 일이다.

안전위원회의 회원이나 옵저버는 위원회에서 보고 들은 내용을 현장에서 발언하고 행동으로 연결시켰고, 또 외주 기업이 옵저버로 참가하고자 하는 경우는 점점 더 늘어났다. 위원회의 활동이 이렇게 활기를 띠었기 때문에 출석자들은 '오늘은 어떤 지식을 얻을 수 있을까?'라고 기대하면서 참가하는 것 같았다.

(2) 의견을 모으는 데 다른 활동을 활용하라

안전보건위원회는 보다 좋은 활동을 수행하려는 목적이 있다. 이 목적을 위해서 탑다운(Top-down)을 본보기로 하여 바텀업(Bottom-up)활동으로 이어지도록 의견을 교환하는 것이다.

위원회는 위원을 노사 동수로 두는데, 이것은 회사나 관리자의 일방적인 주장·지시뿐만 아니라, 현장의 생생한 목소리를 확실하게 받아들이겠다는 취지일 것이다.

위원회의 의제나 내용은 순회점검이나 각종 회의 등 각각의 장소(상황)에서 얻은 정보와 의견을 반영해서 구성해야 한다. 그러나 한편, 시간적 여유는 그다지 많지 않기 때문에 안전보건담당자는 절차나 우선순위 정리와 같은 사전 준비를 하는 역할을 해야 한다.

중소기업의 경우(부서 단위라면 100명 정도까지 해당)에는 전원 참가하는 것도 하나의 방법일 것이다. 이렇게 하면 참가자가 많아 모든 사람이 발언할 수 없다는 단점도 있지만, 같은 장소에 모여 같은 생각을 공유할 수 있다는 커다란 장점도 있다. 이때 말하는 쪽은 마음을 담아서 참가자를 위해 이야기해야 한다. 중요한 것은 활동에 대한 마음을 어떻게 전달하는가이다.

(3) 연간 주제를 설정하고 표명하라

연초에 최고경영자가 확인한 위원회의 월별 주제를 위원 전원에게 알리는 것도 사전 준비의 일환으로서 매우 중요한 일이다. 주제의 내용은 매달, 매일의 활동과 정보 수집을 통해 보완한다. 또, 다른 회사의 재해 사례, 법률 개정 내용, 여러 안전보건협력회 같은 단체의 규칙 변경 등을 시의적절하게 포함시킨다.

각 현장에서는 재해의 사전 방지를 위한 활동 목표와 관련한 사항을 개선해나가고, 위원회에서는 그 활동의 중점·방향성·과제를 확인한다.

요컨대, 연간 PDCA 사이클(Plan 계획-Do 실행-Check 확인-Action 조치)이 돌아가고 있다는 것을 실감할 수 있어야 한다. 그러므로 위원회 활동의 흐름을 만들고 그 흐름을 이해할 수 있는 설명이나 전개를 한다면 참가자도 납득하는 활동이 될 것이다.

(4) 위원회 운영에 관한 요점을 살펴보자

안전보건위원회 운영의 실패 사례를 재해의 사전 방지로 연결하기 위한 요점은 다음과 같다.

① 원인 추구를 첫 번째로 생각한다

"한 번의 실수 그 자체를 잘못이라고 하지 않는다. 그 일을 통해 배우지 않고 실수를 반복하는 것, 그것이 바로 잘못이다"라는 말이 있다. 사람은 행동하고, 실패하고, 반성하고 그 일을 활용하여 성장한다. 결국 진정한 원인 추구가 가장 중요하다는 말이다. 이러한 관점에서 토론하고 현장을 관찰하면 재해를 막는 '진정한 사전 방지 대책'이 보일 것이다.

재해와 관련하여 '현장의 나쁜 점은 곧 안전보건담당자 행동의 나쁜 점'이라고 말한 안전보건위원회 의장이 있었다. 당해 관리자로부터 지도도 받지 못한 안전보건담당자만 비난하는 일은 '현장을 중요시한다'는 말의 의미를 잘못 이해한 것이다. 이런 언행은 안전보건담당자도 위원회도 우울하고 맥이 빠지게 해서, 애써 얻은 사례를 활용할 수도 없게 만든다. 권한을 갖고 있는 상사는 객관적인 견해를 유지하고 공평한 운영을 하는 데 유의해야 한다. 덧붙여 말하면, 이러한 의장이 최고경영자로 있던 공장에서는 재해가 많이 발생했고 감소하지 않았다.

② 위원회는 안전보건을 토론하는 장이다

최고경영자가 위원회에서 회사가 어려운 환경에 있다면서 매출을 높이는 데 역점을 두고 이야기하는 경우가 있다. 이럴 때에는 그가 과연 안전보건에 진지한 의도를 가지고 있는지 의문시된다. 경영상태가 나쁜 것은 주로 경영자의 책임이고, 그에 대한 논의는 안전보건 토론의 장이 아닌 다른 장소에서 하는 것이 좋다. 안전보건을 확실하게 하는 일이 기업의 체질 강화로 이어진다는 사실을 잊지 말아야 한다.

③ 현장의 눈높이에 맞는 발언을 해야 한다

당장의 재해대책에 얽매어 전과는 전혀 다른 지시를 하고, 상황 개선을 기대하며 이것저것 지시하면 현장은 혼란스럽게 된다. 현장의 눈높이로 말하지 않으면 작업자들이 납득하지 못해서 결국 아무 대응도 하지 못한다. 최고경영자의 정책으로서 방향성을 제시하는 것은 중요하지만, 우선순위나 예산 순위 등 환경정비나 진행 방법도 같이 아우르면서 지시해야 한다. 안전보건담당자는 이런 일이 가능하도록 적절한 시기에 최고경영자에게 확고하게 제언하는 역할을 해야 한다.

④ 일상적으로 현장을 사후 점검한다

직장의 최고경영자나 안전보건담당자는 현장의 실태를 자신의

눈과 귀로 확인하는 동시에 생각하는 자세를 가져야 한다. 위원회의 시각으로만 내리는 지시는 형식적으로 흐르기 쉽고, 그런 지시를 받은 현장은 진지해지지 않기 때문이다. 위원회 역시 이 점에 유의하며 늘 현장을 점검하기 위해 평상시에 노력을 기울여야 한다.

⑤ 활동의 토대가 되는 메시지를 제시한다

장래에 대한 꿈과 비전이 일하는 사람들을 활력 있게 만든다. 그러므로 위원회는 "무엇에 도전할 것인가?" "어떻게 성장하고 싶은가?"라는 질문에 대한 답, 즉 모든 활동의 토대가 되는 메시지를 제시해야 한다. 회사는 사람으로 구성되어 있으므로, 인재를 육성하지 않으면 규칙 등을 지키지 않기도 하고 갑작스런 사건에도 대처하지 못한다. 그래서 일하는 사람들에게 인간으로서, 조직 구성원으로서, 사회인으로서 가져야 할 감성과 사고방식을 확실하게 심어주는 것이 중요하다. 안전보건위원회를 운영할 때는 이러한 인식을 갖고 있어야 한다.

(5) 활력 있는 사람을 만들자

활력 있는 사람이 회의체에 있으면 다른 모든 사람도 활력을 갖게 된다는 것이 나의 지론이다. 물론, 활력 있는 사람만이 중요하고 다른 사람들은 가만히 있는 편이 좋다는 얘기가 아니다. 전체적인 균형은 안전보건위원회의 의장(사회자)이 적절히 유지하기 위해 노력해야 한다. 다만, 활기 있는 사람이 조직이나 집단에 생기를 불러오는 큰 역할을 하는 것은 주지의 사실이다. 활력 있는 한 사람은 활력이 없는 세 사람을 '활력 있는 사람'으로 만들고, 그리고 다시 그 셋이 각각 세 명의 '활력 있는 사람'을 만든다. 이런 식으로 활력 있는 사람이 주위 사람을 끌어당겨 위원회 전체를 활성화한다.

인생이나 업무 수행의 결과는 '사고방식×정열×능력'으로 결정된다고 하는 경영자가 있었다. 그중에서 가장 중요한 것은 '사고방식'이라고 생각한다. 이것이 마이너스면 정열이나 능력이 있어도 결과는 마이너스가 된다. 위원회활동을 추진할 때나 위원회 운영을 할 때도 처음에 기준이 되는 사고방식 또는 축을 확실하게 정하고, 그 뒤에 늘 반성하면서 관련 지식과 기술을 연마해나가는 것이 중요하다. 또 실수를 발견한다면 수정하고 다시 시작하는 것이 좋다. 그러면 반드시 좋은 결과로 이어질 것이다.

3. 중소기업의 안전보건활동

(1) 대기업과 중소기업의 차이와 공통점은 무엇인가?

나는 중소기업인 크레인 회사에서 약 8년간 근무하면서 그곳의 안전보건활동 추진법과 실천법을 익혔다. 결론적으로 말하면, 중소기업에서 하는 안전보건활동도 대기업에서 하는 것과 크게 차이기 없다는 생각이다. 나는 다섯 명 정도의 소집단활동을 활성화하는 데서부터 활동을 시작했다. 이렇게 다섯 명이 가능하다면, 대기업도 백 명, 천 명, 만 명으로 활력 있는 직장을 만들 수 있다.

중소기업과 대기업의 차이를 굳이 말하자면 중소기업은 정보량과 경험이 적다는 것뿐이다. 중소기업도 어느 정도의 정보를 가지고 있기는 하다. 하지만 그 정보를 활용할 리더나 시스템(구조)의 존재는 최소한도로 필요하다. 그러므로 중소기업이 갖고 있는 의사통일의 편리성과 같은 장점을 활용하면, 안전보건활동이 효과를 낼 때까지 걸리는 시간은 대기업에 비해 오히려 단축될 수 있다.

(2) 현장 실시형 교육을 활용하라

중소기업이 안고 있는 과제 중 하나는 일관된 교육 체제가 부족하다는 점이다. 내가 근무했던 크레인 회사에는 중도 채용 사원이 많고, 각각 교육받은 환경이 다른 경우가 있고, 공통의 장을 만드는 것이 어렵고, 시간을 쪼개 교육할 여유가 없다는 등의 문제가 있었다. 그래서 실천한 것이 눈앞에서 발생한 생산공정상의 문제나 재해 사례 등을 사용한 '점의 교육'이다. 중소기업도 문제나 과제는 많이 있고, 안전보건활동에서 대기업과 같은 형태의 효과를 기대한다. 그러나 시간적, 인력적 제약이 있어 모든 것을 추구하기는 어렵다.

그래서 표면적으로 드러나는 움직임은 없었지만, 재해 방지를 위해 WHY 5(사람·물건·관리 요소에 대해 다섯 번씩 "왜?"를 반복해 재해 원인을 찾는 방식)를 이용하거나 3무(무리, 무라:불균형, 무다:낭비)를 경계하도록 철저하게 가르쳤다. 그리고 문제·과제에 대한 진정한 원인을 현장에서 토론하고 알아내 개선으로 이어지도록 했다. 이런 활동 과정이 점의 교육이 된 셈이다. 이 경우에 눈앞의 압박으로 다가온 과제(실패)를 거론하면 관심도 높아져 교육 효과도 크다.

게다가 이런 활동을 계속하면서 이전의 사례와 연관시킬 수 있다면, 점의 교육이 '선(線)의 교육' 또 '면(面)의 교육'이 되어 자신감도 붙는다.

이때 리더는 항상 생각을 정리하여 '방향성 또는 축'이 흔들리지 않게 하고, 그것을 반복해서 직원들에게 전달하거나 성장시키겠다는 기개를 가져야 한다. 체계화한 집합 교육이 중요하지만 이런 실천적인 방식도 효과를 기대할 수 있다.

맺음말

이 책은 중앙노동재해방지협회 발행 월간지 〈안전과 건강〉에 과거 3년 동안 연재한 내용을 중심으로 '안전보건활동의 실천론'을 정리한 것이다.

실천은 교육이고 활동이다. 그리고 일관되고 흔들리지 않는 생각으로 상대에게 진의가 전달될 때까지 몇 번이고 반복하여 끈기 있게 해나가는 것이 중요하다. 독자가 이 책 어딘가에서 사용된 말을 보고 '어, 같은 내용을 되풀이하고 있잖아?'라고 느낀다면 내 의도대로 된 것이다. 이와 같은 방법으로 그 사고방식과 말의 의미가 갖는 중요성을 이해한다면, 동시에 깊은 인상으로 남지 않을까 생각하기 때문이다.

말이란 문자로 쓰면 같지만, 사용 장소나 당시 상황 또는 받아들이는 사람의 경험이나 입장 등에 따라 전혀 다른 의미가 된다. 경우에 따라서는 정반대의 의미로 전도되는 일이 있는 것도 사실이다. 사람이나 조직이 완벽하게 호흡을 맞춰 행동하는 수준에 도달할 수 있다면 문제는 없을 것이다. 그러나 그러한 사람이나 조직을 만드는 데 온 힘을 쏟아온 나의 경험으로는 그것이 가장 어려운 일이기도 하다. 사람도 조직도 함께 수많은 고난을 극복했을 때 그런 수준에 접근하는 것이 아닌가 생각한다. 결국 노력하는 과정이 중요한데, 이것은 다시 말하면 안전보건활동은 '프로세스 관리'가 매우 중요하다는 뜻이다.

　사람의 생명은 하나뿐이다. 요즈음 고속버스와 같은 자동차에 의한 참혹한 사고나 자연재해, 원자력발전소 사고 등으로 많은 사람들이 미래의 꿈을 잃어버리고 있다. 이러한 커다란 사회적 사건이 보도될 때마다 가슴이 아프다. 안전보건활동을 통해 인간의 행복을 추구하는 우리들은 결코 "예상 밖의 범위였다"라는 말을 핑계(책임회피)로 삼지 않도록 명심해야 한다. 이 때문이라도 재해나 사고를 미연에 방지하기 위한 리스크 평가(Risk Assessment)를 중심으로 진정 현장의 눈높이에 맞는 활동을 하기 위해 노력해야 한다. 확실히 '건강하지 않으면 인생도 없고, 건강하지 않으면 안전도 없으며, 안전하지 않으면 기업도 존재하지 않는다.'

　나는 지금까지 많은 사람들에게 가르쳐주었던 것, 내가 보고 배운 것을 소중히 생각하고, 앞으로 더욱 바람직한 모습을 추구하고자 한다. 회사의 경영자, 관리자, 감독자 여러분, 그리고 경애하는 안전보건담당자 여러분과 함께 '물건을 만들어내는' 일본을 활력 있게 만들어가고 싶다. 이 책이 이러한 분들이 안전에 관한 네트워크를 구축하거나 그 네트워크를 확대하는 하나의 계기가 되기를 희망한다. 나도 미력하나마 조금이라도 보답할 수 있기를 바란다. 그런 마음에서 안전과 인재 양성에 기여하여, 일하는 사람들이 재해 없는 쾌적한 환경에서 활기 있게 일할 수 있도록 하는 데 '실천이 없으면 성과도 없다'는 각오로 노력할 것이다. 1년 전 이 책의 출판 가능성을 타진하기 시작했을 때, 모처럼 찾아온 기회이기도 하여 그동안 익혀왔던 지식을 조금이라도 남기고 싶다고 생각했다. 그리고 이제 이 책이 나와 그 생각을 실현할 수 있게 되었다. 이 책을 정리하는 데 중앙노동재해방지협회의 모리타 아키오(森田晃生) 씨로부터 많은 지원을 받았다. 그 지원에 감사드린다.

2012년 10월, 후루사와 노보루(古澤 登)

안전 한국 3

당신의 직장은 안전합니까?

펴   냄   2015년 6월 25일 1판 1쇄 박음 | 2015년 7월 1일 1판 1쇄 펴냄
지 은 이   후루사와 노보루
옮 긴 이   조병탁, 이면헌
펴 낸 이   김철종
펴 낸 곳   (주)한언
등록번호   제1-128호 / 등록일자 1983. 9. 30
주   소   서울시 종로구 삼일대로 453(경운동) KAFFE 빌딩 2층(우 110-310)
            TEL. 02-723-3114(대) / FAX. 02-701-4449
책임편집   유지현
디 자 인   김정호, 이찬미, 정진희
마 케 팅   오영일
홈페이지   www.haneon.com
e - m a i l   haneon@haneon.com

ISBN 978-89-5596-721-0 04500
ISBN 978-89-5596-706-7 04500(세트)

이 도서의 국립중앙도서관 출판예정도서목록(CIP)은 서지정보유통지원시스템 홈페이지(http://
seoji.nl.go.kr)와 국가자료공동목록시스템(http://www.nl.go.kr/kolisnet)에서 이용하실 수
있습니다. (CIP제어번호 : CIP2015013593)

'인재NO'는 인재人災 없는 세상을 만들려는 (주)한언의 임프린트입니다.

한언의 사명선언문

Since 3rd day January, 1998

Our Mission – 우리는 새로운 지식을 창출, 전파하여 전 인류가 이를 공유케 함으로써 인류 문화의 발전과 행복에 이바지한다.

– 우리는 끊임없이 학습하는 조직으로서 자신과 조직의 발전을 위해 쉼 없이 노력하며, 궁극적으로는 세계적 콘텐츠 그룹을 지향한다.

– 우리는 정신적, 물질적으로 최고 수준의 복지를 실현하기 위해 노력 하며, 명실공히 초일류 사원들의 집합체로서 부끄럼 없이 행동한다.

Our Vision　한언은 콘텐츠 기업의 선도적 성공 모델이 된다.

저희 한언인들은 위와 같은 사명을 항상 가슴속에 간직하고
좋은 책을 만들기 위해 최선을 다하고 있습니다.
독자 여러분의 아낌없는 충고와 격려를 부탁드립니다.
· 한언 가족 ·

HanEon's Mission statement

Our Mission – We create and broadcast new knowledge for the advancement and happiness of the whole human race.

– We do our best to improve ourselves and the organization, with the ultimate goal of striving to be the best content group in the world.

– We try to realize the highest quality of welfare system in both mental and physical ways and we behave in a manner that reflects our mission as proud members of HanEon Community.

Our Vision　HanEon will be the leading Success Model of the content group.